# 한국의
# 미래기술혁명

| 발간에 부쳐 |

21세기로 접어들면서 인류는 유사 이래 그 어느 때보다도 격렬한 기술 발전을 경험하고 있습니다. 공학기술은 인류의 미래에 무한한 가능성을 열어주고 있지만, 핵폭탄, 환경오염에 따른 생태 파괴, 합성물질의 위험에서 보듯 자칫 인류의 생존을 위협할 수도 있습니다.
"공학과의 새로운 만남" 시리즈는 우리의 생활 곳곳에서 숨쉬고 살아있는 공학의 실제 모습을 담고자 기획하였습니다. 실제 우리의 삶에 가장 밀접하게 존재함에도 불구하고 낯설고 멀게만 느껴지던 공학을 대중들이 편안하고 가깝게 느끼도록 하는 것이 발간의 목적입니다.

이 책은 교육과학기술부의 과학기술진흥기금 지원을 받아 NAEK 한국공학한림원과 김영사가 발간합니다.

## 한국의 미래기술혁명

지은이_ 김수삼 외 8인

1판 1쇄 인쇄_ 2008. 11. 30
1판 1쇄 발행_ 2008. 12. 8

발행처_ 김영사
발행인_ 박은주

등록번호_ 제406-2003-036호
등록일자_ 1979. 5. 17

경기도 파주시 교하읍 문발리 출판단지 515-1 우편번호 413-834
마케팅부 031)955-3100 편집부 031)955-3250 팩시밀리 031)955-3111

저작권자 ⓒ 2008 김수삼 외 8인
이 책의 저작권은 저자에게 있습니다.
저자와 출판사의 허락 없이 내용의 일부를 인용하거나 발췌하는 것을 금합니다.

COPYRIGHT ⓒ 2008 by Kim Soo-Sam et al
All rights reserved including the rights of
reproduction in whole or in part in any form. Print in KOREA.

값은 뒤표지에 있습니다.
ISBN 978-89-349-3274-1 03500

독자의견 전화_ 031)955-3200
홈페이지_ http://www.gimmyoung.com
이메일_ bestbook@gimmyoung.com

좋은 독자가 좋은 책을 만듭니다.
김영사는 독자 여러분의 의견에 항상 귀 기울이고 있습니다.

차례 | 한국의 미래기술혁명

**서문** | 창조적 성장엔진을 위한 모색　　　　　　　　007

**PART 1　위기와 긴장의 시대, 한국의 미래를 생각한다**

1. 왜 지금 미래를 말해야 하나　　　　　　　　　　017
2. 10년 후 세상, 한국 사회가 주시해야 할 5대 트렌드　　021
3. 미래를 향해 질주하는 국가들　　　　　　　　　　032
4. 지금부터 무엇을 준비해야 하는가　　　　　　　　047

**PART 2　10대 핵심 공학기술의 현재와 미래**

1. 10대 핵심 공학기술의 도전　　　　　　　　　　　053
2. 기술 융합의 결정체, 유비쿼터스 시스템　　　　　　055
3. 진화하는 자동차산업, 지능형 자동차　　　　　　　073
4. 대양을 석권하는 조선기술, 크루즈선　　　　　　　083
5. 또 하나의 인류, 로봇 에이전트　　　　　　　　　092
6. 건강한 미래, 생명공학　　　　　　　　　　　　　101
7. 소재혁명의 원천, 나노기술　　　　　　　　　　　110
8. 위험 없는 사회를 위한 국가 안전기술:방재기술　　　125

9. 꿈의 프론티어, 항공우주:무인기기술 139
10. 저탄소 사회를 여는 신재생 에너지 149
11. 에너지 자립의 교두보, 원자력:사용후핵연료 재활용 기술 158

# PART 3 창조하는 한국의 미래

1. 성공의 조건 171
2. 창조적 혁신을 위한 문화 175
3. 창의적 인재 양성 187
4. 창조적 성장을 위한 신투자 200
5. 효율 중심 시스템에서 효과 중심 시스템으로 223

# PART 4 창조적 혁신으로 가는 길

21세기 새로운 한국 창조 241

집필진 소개 247

서문

# 창조적
# 성장엔진을 위한
# 모색

지금 우리는 대격변의 시대에 살고 있다는 데 모두가 동의할 것입니다. 대격변의 시대에는 불확실성과 치열한 경쟁이 우리를 불안하게 합니다. 따라서 불안한 미래를 미리 점검하고 대안을 찾는 노력은 이 시대를 살아가는 모든 사람들의 과제일 것입니다. 이러한 시대에 미래를 진단하고 새로운 성장 대안을 마련하기 위해 이 책을 집필하게 되었습니다.

지난 2005년 10월 한국공학한림원은 창립 10주년을 맞이하면서 《다시 기술이 미래다》(도서출판 생각의 나무)라는 책에 미래를 위한 견해들을 담아서 세상에 내어놓았습니다. 이때 집필진들은 미래를 진단하고 대안을 제시하는 제2, 제3의 노력을 하겠다는 약속을 했습니다. 따라서 이 책은 《다시 기술이 미래다》의 후속편인 셈입니다.

우리나라의 대표적인 공학기술계 지성들이 모인 한국공학한림원이 '미래'라는 화두에 집착하는 것은 다음과 같은 몇 가지 이유 때문입니다.

첫째는 과거와 달리 미래는 매우 복잡한 구조여서 다양한 차원에서 분석·예측하고 조합해야 우리의 것으로 만들어나갈 수 있기 때문입니다. 특히 사회 각 분야의 주체들이 자신의 역할에 걸맞는 미래를 탐색해나가는 것이야말로 우리 사회의 발전에 꼭 필요한 일이라 생각합니다. 한국공학한림원은 이러한 미래 제안들을 소개하고 빠짐없이 실현될 수 있도록 노력하고 있습니다.

유엔은 최근 '유엔 미래포럼'을 구성하여 〈밀레니엄 프로젝트(The Millenium Project)〉를 추진하고 있습니다. 이 사업에서는 지구촌이 당면할 미래 문제를 해결하기 위한 15개 분야를 다음과 같이 선정했습니다. 즉 지속 가능한 성장, 물, 인구와 자원, 민주화, 장기적 정책 결정, 정보통신 발달과 세계화, 빈부 격차, 건강, 의사 결정 역량, 사회 갈등 해소, 과학기술, 에너지, 여성 지위 향상, 국제 범죄, 세계 윤리 등에 대한 청사진을 제시하자는 것입니다.

하지만 이들 과제 중 어느 것 하나도 단독으로 해결할 수 있는 것은 없습니다. 개별 주제들은 서로 밀접한 상관관계를 맺고 있습니다. 특히 과학기술의 미래는 나머지 모든 분야에 영향을 미치게 됩니다. 과학기술의 발전은 미래 문제의 본질이 되기도 하고 그 해법이 되기도 합니다.

둘째는 미래를 준비하는 데는 시간이 필요하다는 것입니다. 과거 우리 사회의 발전은 선진국을 따라잡는 추격형으로 가능했습니다. 비교적 쉽게 정답을 찾아낼 수 있었고 이것들을 성실히 수행함으로써 선진국을 뒤쫓을 수 있었던 것입니다. 그러나 한국공학한림원의 미래위원회가 진단하는 우리의 미래는 창조적 혁신을 통해 선진국과 경쟁하지 않으면 안 되는 치열한 세계입니다. 우리의 약점을 보완하는 데 그치지 않고 선진국의 강점을 능가해야 하는, 여태까지 경험해 보지 못했던 불확실한 항해를 해야 합니다. 이 해도(海圖) 없는 항해에 나서려면 종래의 뱃길을 찾는 문제해결형(Problem Solving)이 아닌, 뱃길을 만들어가는 지식창조형(Knowlege Creation)으로 모든 시스템을 바꿔야 합니다. 미국(이노베이트 아메리카 등), 유럽(신리스본 전략 등), 일본(이노베이션 25 등) 등을 포함한 세계 대다수의 선진국들이 10~20년 후를 위한 장기 전략과 실행 계획을 마련하는 데 온 힘을 쏟고 있는 이유가 바로 여기에 있습니다.

셋째는 공학기술을 진흥시킴으로써 우리의 미래를 창의적으로 꾸려갈 수 있다는 믿음이 있기 때문입니다. 1960년 이후 우리나라의 기적적인 발전은 농경사회에서 산업사회로 그리고 정보사회로의 변천 과정을 거쳤습니다. 그 바탕에는 공학기술의 결정적 기여가 있었음을 누구나 인정하고 있습니다. 중화학, 제철, 자동차, 조선, 건설, 정보통신 등 오늘날 우리의 삶을 윤택하게 만든 수많은 기술은 그 방증인 것입니다. 선진국들의 미래 전략이 어김없이 과학기술을 기반으로 하고 있다는 사실도 같은 맥락입니다. 따라서 공학기술계의 최고 두뇌들이 모인 한국공학한림원이 미래에 대한 제안을 하는 것은 당연한 책무라 할 수 있습니다.

이 책은 크게 4부로 나누어져 있습니다.

제1부에서는 우리나라의 미래를 다시 생각해야 하는 까닭과 10년 후의 우리 사회가 주시해야 할 핵심 5대 변화를 점검하고 과학기술을 통한 이노베이션의 필요성을 강조하고 있습니다.

제2부에서는 미래를 위해 준비해야 할 10대 기술을 선정하고 각 기술에 포함되어 있는 세부기술을 한 부분씩 선정하여, 선정된 기술이 제공할 미래의 기회와 해당 기술에 대한 우리의 역량을 살펴보고 경쟁국과의 차이를 줄이고 앞서기 위한 대안을 구체적으로 제안하고자 하였습니다. 10대 기술 로드맵(road map)상에 있는 모든 기술 과제에 대해 위와 같은 분석이 이루어져야 하겠지만 그 내용이 방대하여 향후 과제로 남겨두고, 해당 전문가를 초청할 수 있는 분야를 대표적으로 선정하여 보다 상세한 분석 내용을 수록했습니다. 물론 분석을 위한 전문가 추천은 한국공학한림원에 설치된 각 전문 기술분과위원회의 협조에 의해 이루어졌습니다. 10대 기술을 선정함에 있어서도 시대의 변화를 감안하고 내용을 구체화하는 과정에서 《다시 기술이 미래다》에 수록된 내용의 일부를 약간 수정한 부분이 있었음을 밝혀둡니다.

제3부에서는 창조적 미래를 성공적으로 구축하기 위한 4가지 조건을 제안했습니다. 창조적 미래 한국을 이루기 위해서는 수많은 항목이 거론되었지만 창조적 혁신을 위한 문화 조성, 창의적 인재 양

성, 창조적 성장을 위한 연구개발(R&D, research & development) 투자 그리고 이를 추진하기 위한 시스템을 중심으로 미래를 위해 준비해야 할 사항들을 서술했습니다. 이를 통해 과학기술과 비즈니스를 결합하고, 새로운 과학기술 역량을 창출하여 과학기술에 의한 국가 발전을 추구하여, 그 결과 창조적 혁신을 통해 선진국을 실현하는 실천 전략을 제시하였습니다. 특히 모방·이식형 성장 패턴에서 기술혁신형으로 성공적으로 전환하면서 부딪히는 창조·육성형 성장 패턴을 고려한 투자와 시스템의 혁신이 신속히 이루어져야 함을 강조하고 있습니다.

마지막으로 제4부에서는 창조적 혁신을 이루기 위한 우리 국민 모두의 새로운 각오의 필요성을 점검함으로써 지금 시점에서 바라본 우리의 미래 준비 사항을 정리하고자 하였습니다.

미래를 논하는 수많은 시각이 있습니다. 미래를 생각하는 수많은 기획이 있어왔습니다. 앞서가는 나라일수록 먼 미래를 고민하고 있습니다. 미래라는 정글을 헤쳐가는 진정한 지혜는 무엇일까요? 아마도 너무나 평범한 이 말이 정답이 아니길 바랍니다.

"실천하지 않는 구상은 의미가 없다."

인상파 화가 폴 고갱은 생각의 벽에 부딪쳤을 때 "나는 제대로 보기 위해 내 눈을 감는다!(I close my eyes in order to SEE!)"라고 하였습니다. 혁신과 창의적 생각의 어려움을 한순간 깨닫게 합니다.

미래전략연구원 자료에 따르면 글렌(Jerome Glenn) 유엔 미래포럼 회장에게 한 학자가 미래 연구가 왜 한국에게 중요한가 물었습니다. 이때 글렌은, "야간 운전 때 차가 빨리 달릴수록 전조등이 밝고 멀리까지 밝혀주어야 합니다. 한국은 어느 나라보다 빠른 변화를 겪어왔으며 앞으로도 그러할 것으로 생각합니다. 따라서 어느 나라보다 미래에 대하여 더 멀리, 더 잘 내다볼 필요가 있겠지요"라고 말했답니다.

경쟁에는 치열함이 있으며, 이는 특히 속도를 의미할 때가 많습니다. 지난 40년을 질풍같이 달려오면서 세계 12대 경제대국에 들어선 우리나라지만, 세계 10위권 이내의 안정적인 경쟁력을 확보하기 위해 가속 페달을 밟아야만 하는 우리 경제입니다. 그러나 속도가 나지 않는 엔진을 아무리 작동시켜도 앞차를 추월하지 못합니다. 성장엔진을 바꾸고 운전기사를 양성하는 데 우리 과학기술자들은 끊임없는 노력을 할 것이며, 특히 한국공학한림원은 미래를 위한 모색을 계속해 나갈 것입니다. 이러한 미래에 대한 탐구가 앞으로는 인문학을 비롯한 인접 학문 분야와 협력하는 새 지평을 펼치는 시도와 함께 이루어지길 기대하고 있습니다.

이 책의 집필에는 교수, 공학인, 언론인, 경제학자, 기업인 등 여러 분야의 전문가들이 참여하여 다양한 시각을 수용하고자 노력하였습니다. 그분들의 열성과 기여에 깊은 감사의 뜻을 전하고자 합니다. 이 책은 일반 시민을 대상으로 하여 되도록 쉽게 쓰려고 하였으나, 집필자들의 능력 부족으로 목표를 달성하지 못한 느낌입니다. 이 점은 앞으로 계속 보완해나갈 것을 약속드립니다.

끝으로 이 책에 제안된 내용들이 우리 사회 발전을 도모하고, 많은 독자들이 미래의 진로를 모색하는 데 기여할 수 있길 기대합니다.

2008년 12월
집필자들을 대신하여
한국공학한림원 부회장
김수삼

PART
1

# 위기와 긴장의 시대, 한국의 미래를 생각한다

1. 왜 지금 미래를 말해야 하나 | 2. 10년 후 세상, 한국 사회가 주시해야 할 5대 트렌드 | 3. 미래를 향해 질주하는 국가들 | 4. 지금부터 무엇을 준비해야 하는가

미래학자는 미래가 불확실하고, 경우에 따라서는 불안하다고 말하지만 동시에 미래는 스스로 만들어가는 것이라는 점도 강조한다. 그 말이 옳다면 다가오는 미래의 위협들은 우리가 대응하기에 따라 또다시 도약의 기회가 될 수 있을 것이다. 물론 이것은 우리가 얼마나 치밀하게 미래를 준비하느냐에 달렸다.

**FUTURE OF KOREA**

# 1

## 왜 지금
## 미래를
## 말해야 하나

    2008년은 우리나라가 건국 60년을 맞이한 해다. 10년 후, 20년 후 우리나라는 또 어떤 모습을 하고 있을까. 우리 모두가 원하는 대로 선진국에 진입할 수 있을 것인가. 우리나라는 그동안 우여곡절이 많았지만 세계에서 유례를 찾아보기 어려울 정도로 눈부신 경제성장을 해왔다. 이 점에서는 국내외적으로 이견이 없다.

    그러나 지나온 세월을 미처 돌아볼 겨를도 없이 지금 우리나라는 새로운 위기와 긴장의 시대를 맞이하고 있다. 그것은 지금까지 우리가 성장을 해왔던 환경과는 본질적으로 다르다. 이 때문에 어떻게 슬기롭게 헤쳐나갈지 우리의 고민은 더욱 깊어지고 있다.

    수많은 미래학자들이 미래에 대한 예측들을 쏟아내기 바쁘다. 미래 예측 수요가 많다는 것은 그만큼 미래가 불확실하다는 이야기일 것이다. 지금 우리는 그런 불확실한 미래를 얼마나 치밀하게 준비하고 있는가.

미래학자는 미래가 불확실하고, 경우에 따라서는 불안하다고 말하지만 동시에 미래는 스스로 만들어가는 것이라는 점도 강조한다. 그 말이 옳다면 다가오는 미래의 위협들은 우리가 대응하기에 따라 또다시 도약의 기회가 될 수 있을 것이다. 물론 이것은 우리가 얼마나 치밀하게 미래를 준비하느냐에 달렸다.

그렇다면 우리가 지금부터 직시하지 않으면 안 될 미래의 흐름들은 무엇인가. 미래학자들이 거의 공통적으로 전망하는 고령화 속도에서 우리나라는 단연 세계 최고다. 우리에 앞서 고령화에 직면한 일본은 복지, 의료, 연금 등 사회적 부담이 증가하고 소비는 좀처럼 회복되지 않는 등 과거에는 상상하지 못했던 사회적, 경제적 구조 변화를 겪고 있다. 우리 역시 이런 변화를 피해가기 어려울 것은 너무도 자명하다.

종래와는 그 양상이 판이하게 다른 환경 및 에너지 위기도 우리를 위협할 미래의 중대 변수다. 국제적 금융위기로 세계 경기 침체가 예상되면서 유가가 하락하는 등 원자재 가격이 폭등세에서 폭락세로 돌아서고 있다. 한편으로는 다행스러운 일이지만 중장기적으로 유가와 원자재 가격 상승을 전제로 대응을 해나가지 않으면 안 된다는 것은 의문의 여지가 없다. 특히 그 중에서도 기후 변화에 적절히 대응하는 것은 한국 경제 최대의 과제로 등장할 가능성이 크다.

뿐만 아니라 급속히 진행되고 있는 세계화 과정에서 급부상하는 신흥국들은 세계경제의 패권 구도를 바꾸고 있다. 실제로 이번 국제금융위기, 그리고 미국 경제의 침체로 세계경제는 재편의 서막이 올랐다는 분석이 많다. 이것은 세계가 미국 중심의 경제 구도에서 다극화된 경제 구도로의 전환을 의미한다. 다극화된 체제로의 재편은 우리에게는 새로운 기회이면서 동시에 위협으로 다가올 가능성이 크다. 우리의 세계 전략은 과연 무엇인가.

동시에 이번 국제금융위기를 통해 금융은 전 세계적 파급의 강도나 범위에서 과거와는 비교도 안 될 정도의 영향력을 보여주었다. 이로 인해 세계적으로 새로운 금융기구의 설치 등 시스템 개편에 대한 논의가 급물살을 타고 있지만 국경을 넘나드는 금융의 영향력이 앞으로도 계속될 것만은 틀림없다. 그리고 미국과 유럽 금융이 위기를 맞으면서 일본, 중국 등지의 금융이 약진하고 있는 것은 향후 세계 금융 판도의 변화를 의미한다. 금융의 세계화에 따른 대응력 향상과 국내 금융의 경쟁력을 높이는 일이 우리의 중요한 과제로 등장하고 있다.

마지막으로, 다가오는 새로운 기술혁명도 우리 미래의 향방을 갈라놓을 결정적 변수가 될 전망이다. 2차 정보 기술혁명은 어떻게 펼쳐질 것이며, 바이오·나노 기술혁명은 인류의 삶에 어떤 영향을 몰고 올 것인가. 슘페터(Schumpeter)는 자본주의가 새로운 성장동력을 창출하지 못하면 위기를 맞이할 수밖에 없다고 예언한 바 있다. 생각해보면 국제금융위기로 인한 고통이 얼마나 오래갈지도 상당 부분 실물 부문에서 얼마나 빨리 새로운 성장동력이 창출될 것인가에 달린 문제다.

혹자는 자본주의 경제는 미래의 불확실성과 위기를 통해 진화한다고 말하기도 한다. 그러나 중요한 것은 그 과정에서 진화를 못 하고 도태당하는 개인, 기업, 국가가 꼭 나온다는 것이다. 따라서 이 격변의 시대에 과연 누가 도태할 것이며, 또 누가 진화의 승자가 될 것인지에 개인, 기업, 국가 등 각 차원에서 초미의 관심이 쏠리고 있는 것이다. 한마디로 앞으로 새로운 경쟁의 시대가 펼쳐질 것은 너무도 분명한 일이다. 미래를 생각하는 개인, 기업, 국가들의 발걸음이 매우 빨라지고 있다. 우리는 무엇을 준비해야 할 것인가. 다가오는 미래의 흐름, 그리고 새로운 경쟁의 시대를 준비하는 각국의 전략들은 무엇이 생존 조건이 될 것인지를 암시하고 있다. 바로 과학기술, 인력 그리고 혁신에 의해 경쟁의 승자가 갈릴 것임을 예고한다.

과연 우리는 대격변의 시대, 새로운 경쟁의 시대를 맞아 새로운 성장의 조건을 찾아낼 수 있을 것인가. 지금 우리는 10년 후, 20년 후, 어쩌면 100년 후 우리나라의 미래를 좌우할 새로운 초석을 깔지 않으면 안 되는 중차대한 시점에 서 있다.

# 2

# 10년 후 세상, 한국 사회가 주시해야 할 5대 트렌드

**급속한 고령화**

　미래사회의 모습을 다룬 한 인터넷 사이트에 우리나라와 관련된 흥미로운 전망이 소개된 바 있다. 2050년 우리나라는 65세 이상이 인구의 37.3%로 일본의 36.5%를 제치고 세계에서 가장 '늙은 국가'가 될 것이라는 것이다. 더 심각한 문제는 인구마저 44.6백만으로 감소하며, 경제활동인구(15~64세) 대비 노령인구 비중이 69.4%에 이른다는 것이다. 사실 그 동안 고령화는 유럽, 일본 등 선진국의 이슈로 생각되었다. 그러나 최근 고령화의 이슈는 우리나라를 비롯해 중국과 같은 신흥 공업국에서 더욱 심각한 문제로 부상하고 있다. 속도가 빠르고, 소득이 높지 않은 상태에서 고령화가 진전되기 때문이다.

펜실베이니아 대학 와튼스쿨의 제레미 시겔(Jeremy Siegel) 교수는 "노동인구 1인당 생산성이 대폭 증가한다고 해도 상황을 개선시키기는 역부족"이라고 평가했다고 한다. 산업현장에서 보면 젊은이들에게 제조 노하우를 전수할 길도 막혀 기술 퇴보까지 우려하지 않을 수 없는 형편이다. 소득 감소도 불가피하다. 이 와중에 각국 정부나 예비 퇴직자들의 연금 납부 부담은 더욱 늘어날 수밖에 없다는 것이다. 사실 연금제도 개선은 우리나라는 물론이고 전 세계 정부가 모두 골머리를 앓고 있는 문제이다. 물론 이민정책을 장려해 고령화 문제를 해결하는 방법도 있을 수 있다. 그러나 이 역시 문화적인 배타성이 선결되지 않으면 안 되는 문제이다.

하지만 고령화를 다른 관점에서 보면 새로운 산업의 발전 기회로 볼 수도 있을 것이다. 생명이 연장되고, 고령인구가 증가한다는 것은 지속적으로 의료, 건강, 자산관리 등에 대한 수요가 늘어날 수밖에 없다는 이야기로 해석할 수 있다. 또 노동인구의 감소는 사람의 노동을 대체할 새로운 기술혁신이 필요하다는 것으로 볼 수 있겠다. 결국 다가올 고령화 사회가 피할 수 없는 것이라면 이것을 기회로 활용하는 방안과 사회적인 충격을 가능한 한 완충시킬 수 있는 정책과 대안의 마련이 필요하다 하겠다.

**주요 국가별 고령화의 속도**

|  | 도달년도 | | | 증가 소요 연수 | |
|---|---|---|---|---|---|
|  | 7% | 14% | 20% | 7%→14% | 14%→20% |
| 프랑스 | 1864 | 1979 | 2018 | 115 | 39 |
| 노르웨이 | 1885 | 1977 | 2024 | 92 | 47 |
| 스웨덴 | 1887 | 1972 | 2014 | 85 | 42 |
| 호주 | 1939 | 2012 | 2028 | 73 | 16 |
| 미국 | 1942 | 2015 | 2036 | 73 | 21 |
| 캐나다 | 1945 | 2010 | 2024 | 65 | 14 |
| 이탈리아 | 1927 | 1988 | 2006 | 61 | 18 |
| 영국 | 1929 | 1976 | 2026 | 47 | 50 |
| 독일 | 1932 | 1972 | 2009 | 40 | 37 |
| 일본 | 1970 | 1994 | 2006 | 24 | 12 |
| 한국 | 2000 | 2018 | 2026 | 18 | 8 |

자료 : 일본 국립사회보장·인구문제연구소, 《2005 인구통계 자료집》, 2005.

## 에너지와 온난화 이슈 부상

지구 온난화, 에너지 위기, 물 부족 문제 등 화석연료와 관련된 이슈들이 이제 일상적인 논의의 주제가 되어가고 있다. 불과 수년 전만 하더라도 20달러대에 지나지 않던 국제 유가는 100달러를 넘어서 세계 경제를 위협하고 있다. 영국의 니컬러스 스턴(Nicolas Stern) 경은

"각국이 당장 매년 국내총생산(GDP)의 1%를 쓰지 않으면, 앞으로 국내총생산의 20%에 해당하는 경제적 손실을 각오해야 한다"라고 에너지나 온난화의 문제가 범지구적인 이슈가 되고 있음을 지적하기도 했다.

한국은 에너지 다소비 국가로 알려져 있다. 에너지 원단위, 즉 소득 1000불을 증가시키기 위해 사용하는 에너지량을 보면 2004년 기준으로 한국은 0.348TOE(석유환산톤)을 사용하는 반면 일본은 한국의 1/3 수준인 0.108, 영국은 0.147, 미국도 0.217을 사용하는 것으로 나타난다. OECD 평균인 0.199에 비해서도 매우 낮은 수준인 것이다. 산업구조에 따른 영향도 있겠지만 핵심은 에너지 사용이 비효율적이라는 것이다. 값싼 화석에너지 시대의 종말이라는 점에서 보면 에너지 과다 사용은 우리 경제의 미래 성장에 걸림돌이 될 수밖에 없다.

지구 온난화와 에너지 문제는 기업이나 국가 차원에서 보면 위협이자 기회요인이다. 태양광발전산업은 이미 100억 불 이상의 산업으로 성장하고 있고, 탄소거래시장도 급속히 성장하고 있다. 물 부족으로 담수화산업이 커지고 있다. 각국 정부도 이러한 추세에 맞추어 미래 비전의 일부도 온실가스 문제를 부각시키고 있다. 일본은 2050년까지 현재 수준보다 60~80% 정도 온실가스를 줄이는 구상을 발표했고, 프랑스도 2020년 이후 모든 주택에 태양광발전 설비를 의무화하는 방안을 제시한다. 지구 온난화 문제가 국가 비전, 산업 그리고 기술의 문제로 확산되고 있는 것이다.

**국내총생산 대비 에너지 소비량**

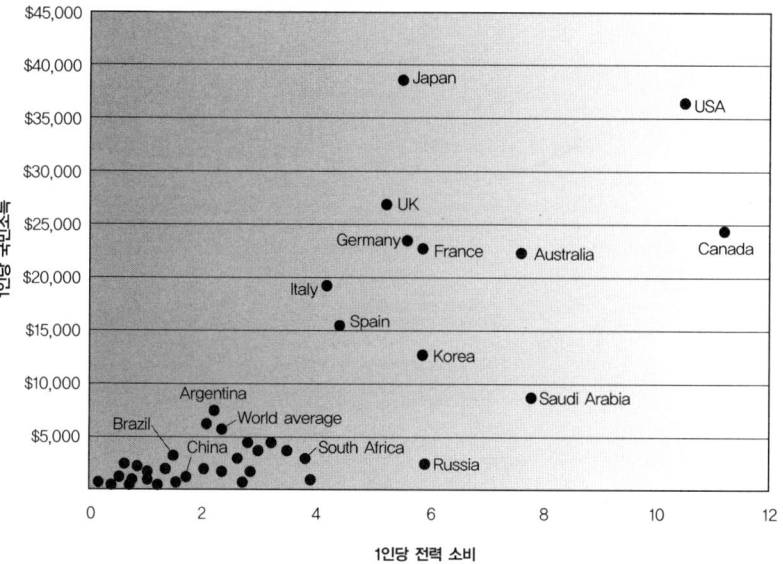

자료 : 위키피디아(www.wikipedia.org)

## 아시아 등 신흥국가의 부상

브릭스(BRICs)나 비스타(VISTA) 등 신조어들이 더 이상 낯설지 않다. 중국, 인도 등은 글로벌 기업들의 각축장이 되고 있다. 글로벌 인사이트(Global Insight)의 전망에 따르면 일본을 포함한 아시아의 국내총생산 규모는 2009년에 미국을 추월하고 2011년은 EU를 추월할 것이라고 한다. 일본을 제외하더라도 2015년과 2020년 미국과 EU

**지역별 국내총생산 비중 전망**

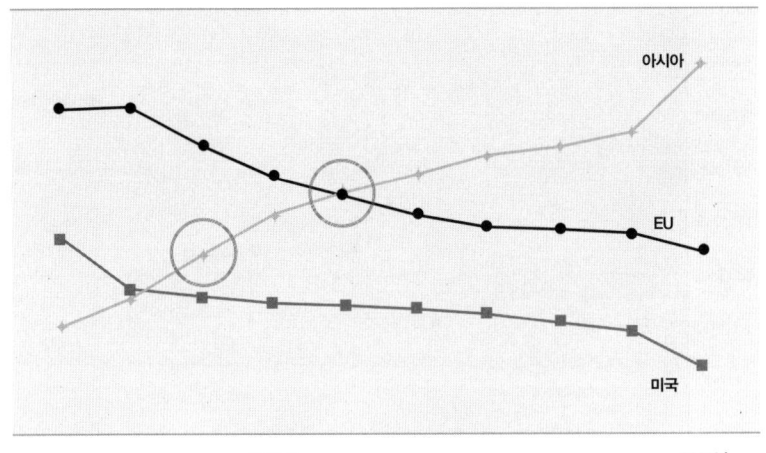

자료: 글로벌 인사이트 〈World Overview 2008〉

를 넘어선다는 것이다. 2020년 전 세계 국내총생산의 45% 정도가 미국과 EU의 몫이고, 아시아는 33% 수준을 예상하고 있다. 특히 이 시기에 전 세계 상위 경제대국으로 중국과 인도가 5위 이내에 자리잡을 것이라고 한다.

아시아 등 신흥시장의 성장은 새로운 성장 기회를 만들어준다. 수십억 명이 새로이 시장경제에 편입되어 글로벌시장의 변화를 만들어내고 있다. 초저가 제품 시장이 부상하게 된 것도 신흥시장으로 인한 결과이다. 도시화에 따른 인프라 투자의 증대도 눈여겨볼 만하다. 전 세계적으로 보면 2007년을 기해 도시인구가 농촌인구를 추월한다고 한다. 많은 사람들이 도시로 이주하면서 인구 500만 이상의 거대도시도 속속 출현한다. 예를 들어 2015년 예상되는 61개의 거대도시 중 45개가 신흥국가에서 생겨난다는 전망도 있다. 거대도시의 출현은 필연적으로 교통, 수도(물), 전력, 주택/빌딩 등의 인프라 수요를 촉발한다. 한 컨설팅업체는 이러한 인프라 수요가 전 세계적으로 수십 조불이 될 것이라는 전망을 하기도 한다.

신흥시장의 부상은 한국 기업이나 산업에는 새로운 기회 요인이 될 수 있다. 소비재에서부터 산업 및 인프라 수요에 대응할 수 있는 산업기반과 경험을 가지고 있기 때문이다. 중국의 성장을 수출 확대의 기회로 활용했던 경험이 예가 될 수 있다. 다만 신흥시장을 단순히 시장 차원으로 접근하기보다는 장기적인 상생의 협력 차원에서 바라보는 전략이 필요하겠다.

### 금융의 영향력 확대

오늘날 금융을 빼놓고 세계경제를 이야기하는 것은 어렵다. 최근에 발발한 금융위기는 실물경제를 위협하며 불안감을 가중시키고 있다. 급상승했던 유가도 달러의 약세와 투기 세력이 그 원인이라는 이야기가 있다. 금융의 힘에 의해 세계경제의 변동성이 더욱 커지고 있다. 현재 진행 중인 금융위기는 서브프라임(Sub-prime Mortgage) 사태를 시작으로 베어스스턴사의 피인수, 패니매 등 모기지회사의 국유화, 리먼브라더스의 파산 등으로 파고가 증대되고 있다. 각국은 대규모의 자금 지원을 통해 금융위기의 확산과 파장 최소화에 전력하고 있으나, 불안감은 여전하다. 특히 선진국에서 시작된 금융위기가 개도국의 실물경제 악화, 외환위기 등으로 이어질 수 있다는 우려가 심화되고 있다. 금융시장의 불안은 흑자 기업을 도산에 이르게 하고 있고, 신용경색으로 기업간 거래나 투자는 위축되고 있다. 주가와 환율은 요동을 치고 있다. 실제 시장의 변동성을 나타내는 빅스(VIX, Volatility Index)를 보면 2007년 상반기 이후 지속적으로 불안이 가중되는 패턴을 보이고 있다.

현재의 위기는 오랫동안 지속되어 온 금융 부문의 규제 완화, 그리고 글로벌화가 만들어낸 측면이 크다. 거대 금융기관들은 몸집을 불리며 전 세계를 대상으로 새로운 금융상품을 만들어 대경쟁을 하였다. 이렇게 투입된 자금이 자산버블을 만들었고, 이것이 현재의 위기 국면을 촉발한 것이다. 이 기간 중 금융의 산업에 대한 영향력도 급증하였다. 세계적인 사모펀드, 헤지펀드 들이 급성장하면서 인수합병을 통한 산업구조 조정들도 일상화되었다. 신재생 에너지 등의 신산업, 도로, 항만 등의 인프라 분야, 전통 제조업에 이르기까지 금융이 매개되고 있다.

현재의 위기가 해소되더라도 글로벌 금융의 영향력은 커질 수밖에 없다. 이미 많은 산업이 금융자본과 연계되어 비즈니스 모델을 만들어내고 있고, 새로운 투자 역시 금융시장에 영향을 받을 수밖에 없기 때문이다. 에너지, 인프라, 건설 등 대형 투자산업에서 조선 등과 같

빅스(VIX) 추이

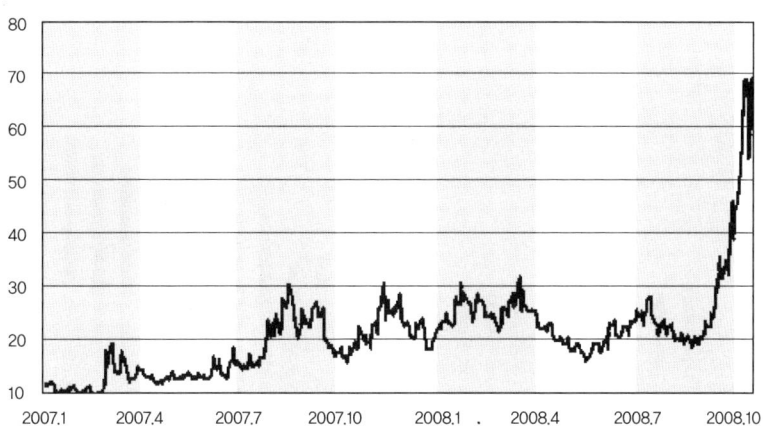

자료 : 데이터스트림(Datastream)

은 전통산업까지도 금융에 의해 산업의 변동이 생길 수 있다. 이런 점에서 앞으로도 금융에 의한 글로벌경제의 불안성이 커질 수 있다고 봐야 할 것이다. 특히 경제기반이 취약한 후발국의 경우는 투기화 가능성이 높아질 수 있다.

### 대기술의 시대

미래사회에 변화를 야기할 핵심기술로 가장 많이 언급되는 것이

**미국 특허에서 비(非)G7 국가의 비중**

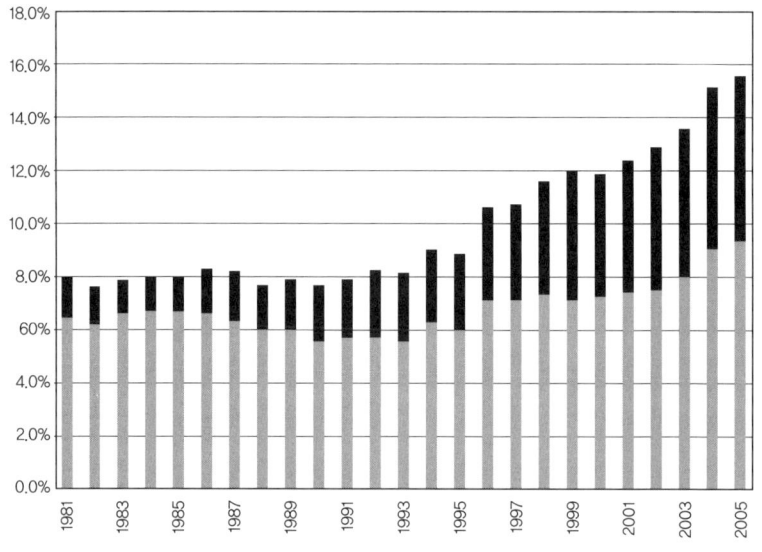

바이오와 나노이다. 바이오의 경우는 게놈지도 완성, 줄기세포의 연구 등 기술적인 돌파가 연이어 나타나고 있고, 사회적으로 고령화, 환경 문제 등에서의 요구가 높아지면서 21세기의 새로운 성장산업으로 부상하고 있다. 나노기술은 전통산업의 구조적인 혁신을 가능하게 만들 기술로 주목받고 있다. 나노기술이 소재의 혁신을 가져올 수 있기 때문이다. 자연으로부터 혹은 합성을 통해 얻은 소재가 아니라 사람들이 필요로 하는 기능을 갖는 소재를 만들어내는 것이 가능해질 수 있어 인류 생활 및 산업의 모든 부문에 영향을 미칠 수 있게 된다.

　미래 기술환경의 또 다른 변수는 국가간 경쟁의 심화이다. 과거에는 혁신기술이 선진국을 중심으로 시발되었다. 그러나 최근 중국, 인도 등 개도국의 기술역량이 비약적으로 향상되고 있다. 옆의 그림에서 나타나듯이 G7 이외 국가의 미국 특허 비중이 90년대 중반까지만 하더라도 8% 수준에 불과했으나, 최근에는 15% 수준에 육박하고 있다. 특히 주목할 것은 비(非)OECD의 특허가 급격히 늘어나고 있다는 점이다. 기술 자체가 거대화, 복잡화되고 있는 반면 역량이 글로벌하게 분포됨으로 인해 다양한 유형의 외부 네트워크 활용에 대한 필요성이 증대되고 있다. 이미 개방형 기술개발 모델을 활용하고 있는 선진기업들도 늘어가고 있다. 이런 점에서 보면 글로벌 연구자원을 얼마나 효과적으로 네트워크화하고 이를 활용하느냐가 미래 기술경쟁의 중요 전략으로 부상할 가능성이 높다 하겠다.

# 3

## 미래를 향해 질주하는 국가들

　누가 미래를 주도할 것인가. 선진국은 말할 것도 없고 중국, 인도 등 신흥국들도 미래에 대한 준비에 발 빠르게 나서고 있다.

　정치적으로 보수와 진보가 따로 없이 미래를 걱정한다. 문화를 창조적으로 바꾸고, 투자의 개념을 바꾸고, 교육을 바꾸고, 법과 제도 등 시스템을 바꾸는 데에 아무런 주저함이 없다. 미래를 준비하는 국가들은 변화를 두려워하지 않는다.

　한마디로 지금 각국은 미래를 향한 질주를 시작했다. 기술과 인재의 경쟁, 문화와 시스템의 경쟁이 벌어지고 있는 것이다. 우리는 미래를 위한 준비에서 이들과 경쟁력이 있는가. 지금 우리는 어디에 서 있고, 어디로 가고 있는가.

"당신네 나라 사람들은 모두가 그렇게 멍청합니까?"라고 빨강 여왕은 말했습니다.

"여기는요, 같은 장소에 머무르려 해도 필사적으로 달려야만 하고, 게다가 다른 곳으로 가려 한다면 적어도 그 배의 속도로 달리지 않으면 안 돼요."

― 루이스 캐롤, 《거울 나라의 앨리스》 중에서

## 세계는 지금 이노베이션 경쟁이다

국제적 대경쟁의 폭풍이 불고 있다. 세계는 지금 IT화, 글로벌화의 진전과 중국과 인도로 대표되는 브릭스 국가의 대두, 원자재 폭등과 기술의 일용품화, 저출산 고령화의 진전 등 미증유의 환경변화 속에서 새로운 생존의 길을 찾고 있다. 21세기는 이전의 번영을 토대로 안전과 안심사회를 지향하는 시대로 정리할 수 있다. 복합적인 문제를 동시에 해결해야 하는 새로운 부담의 시대이기도 하다. 세계 각국은 그 해결 방안을 한결같이 과학기술에서 찾고 있다.

그러나 각국은 전과 달리 단순한 '기술개발 정책', '인재 육성책' 등 좁은 틀을 벗어나 종합적인 '이노베이션(innovation) 정책(전략)'을 구축하는 쪽으로 크게 방향을 돌리고 있다. 이른바 총력전을 펼치고 있는 것이다.

선진국을 비롯한 구미 각국은 앞으로 보다 풍부한 사회를 향유하기 위해 경쟁력의 획득·강화를 목표로 차세대의 인재 육성, 대학·

기업의 우수 인재 수용, 효과석인 연구개발 두사, 이노베이션을 유발하는 장치를 정비하는 등 자국의 특성을 살린 지역·국가·세계 수준에서의 다층적인 이노베이션 시책을 앞다퉈 실행에 옮기고 있다.

세계경제 발전의 견인력이 되고 있는 중국을 위시한 아시아에서도 금후의 경제 발전을 겨냥해 이노베이션 정책에 힘을 쏟고 있다. '마우스를 클릭하여 만날 수 있는 모든 사람이 경쟁자이며 이들과 경쟁해야 하는 거리(距離)의 소멸'(전미 아카데미즈 보고서 〈강한 폭풍을 넘어(Rising Above the Gathering Storm)〉에서 인용)이라는 상황은 세계의 격심한 경쟁을 상징한다.

### 이노베이션이 미래를 잡는다

미국 MIT가 발행하는 《테크놀로지 리뷰》 최신호(2008년 4월)는 우리 생활을 혁명적으로 바꿀 10대 기술을 발표했다.

- 미래상황예측 모델링(surprise modeling, 대량 정보와 기계와 인간의 연계를 통한 놀라울 정도의 예측기술)
- 초미래형 칩(probabilistic chips, 휴대폰의 배터리 수명을 늘리는 칩 기술)
- 나노라디오(nanoradio, 나노튜브에 담긴 작은 무선기로 의학진단 가능)
- 무선전력 전송(wireless power)

- 원자자력기술(atomic magnelometers, 자장을 이용한 MRI 기술)
- 오프라인 웹 응용(offline web application, 파워풀한 컴퓨팅 응용기술)
- 그래핀 트랜지스터(graphene transistors, 새로운 형태의 탄소 트랜지스터로 컴퓨터 처리능력과 속도 향상)
- 신경연결체학(connectomics, 신경망을 규명하는 기술)
- 리얼 마이닝학(reality mining, 휴대폰 정보로 인간행동 분석)
- 셀룰로이스 분해효소(cellulolytic enzymes, 셀룰로즈에서 바이오 연료를 만드는 효소)

한편 미국과학재단(NSF)은 향후 가장 중요한 프런티어 연구개발 분야로 바이오테크를 기반으로 한 엔지니어링 시스템, 나노 테크놀로지, 크리티컬 인프라 스트럭처링 시스템(물리학·에너지에 응용) 등 융·복합 기술을 꼽았다. 각국이 연구개발 분야를 나름대로 발표하고 있지만 위의 사례는 가장 최신의 흐름인 동시에 과학기술 융·복합시대의 모습을 그대로 반영하고 있다는 점에서 주목된다. 이러한 신기술을 앞서 개발하고 시장화를 하기 위해서는 국가적인 이노베이션 체제 구축이 불가피하다는 사실을 간파한 각국은 이미 수년 전부터 이노베이션 정책을 일제히 펼치고 있다. 다음은 주요 보고서와 시책들이다.

## 미국

〈이노베이트 아메리카(Innovate America)〉라는 국가 이노베이션 전략 보고(2004년 12월)가 대표적인 것이다. 이것은 산업계, 학계, 정부, 노동계를 대표하는 4백 명 이상의 리더들이 15개월에 걸쳐 작성한 보고서다. 2004년 12월 15일 워싱턴에서 경쟁력협의회(Council on Competitiveness) 주최로 열린 국가 이노베이션 이니셔티브(initiative, 국민발안)에서 보고됐다. 보고서를 정리한 사람의 이름을 따 〈팔미사노(Palmisano) 리포트〉라고 부른다. 사뮤얼 팔미사노는 IBM 회장 겸 CEO로 회의의 공동의장을 맡았다. 이어 전미 아카데미즈(전미 과학아카데미NAS, 전미 공학아카데미NAE, 의학기구IOM의 연합조직)가 〈강한 폭풍을 넘어(2005년 10월)〉를 냈다. 미국 상원 에너지·천연자원위원회 및 하원 과학위원회가 제시한 '21세기의 국제사회에서 미국의 번영을 위해 연방 정부가 해야 할 과학기술 시책에 대한 액션 및 그 구체적 전술'에 맞춰 전미 아카데미즈가 만든 것이다. 위원회는 산업계의 현·전직 최고 경영책임자, 대학총장, 연구자(3명의 노벨상 수상자 포함), 전 대통령 임용자 등 산학관 지도자로 구성, 약 10주간에 걸쳐 작성했다.

백악관은 다음해인 2006년 2월 〈미국 경쟁력 이니셔티브(American Competitiveness Initiative)〉를 발표했다. 2006년 1월 대통령 연두교서, 2007년의 예산교서에서 제시된 미국 경쟁력 이니셔티브로 명명된 문서로 과학기술정책실(Office of Science and Technology Policy)이 만들었다.

2007년 예산안에서 교육·인재 관련 프로그램 예산을 2.5% 증액하는 등 이노베이션 관련 정책을 대부분 예산에 반영하고 있다.

**유럽**

〈EU 신(新)리스본 전략(2005년)〉이 가장 기본적인 전략을 담고 있다. 2000년에 EU 서미트(summit)에서 결정된 〈리스본 전략(2010년까지의 경제·사회 정책의 포괄적인 방향을 정함)〉을 수정, 보다 구체적인 실천계획을 발표한 것이다. EU 레벨, 가맹국별로 실시 프로그램을 책정해서 연 1회 EU 서미트에서 진척 상황을 확인하는 것으로 되어 있다. 큰 테마로 다음 3가지를 잡고 있다.
- 투자 및 비즈니스에 있어서 매력 있는 유럽 만들기
- 성장을 향한 지식과 이노베이션 창출
- 고용의 질과 양의 향상

〈제7차 프레임워크 프로그램(FP, 2007~2013, 예산액 7년간 70조 원)〉은 다음 4가지를 목표로 한다.
- 산학관 공동 프로젝트에 대한 연구 조성
- 3개국 이상의 프로젝트 참가 필수
- 프로젝트 예산의 최대 50%를 EU가 조성
- '유럽 연구권' 구축

〈경쟁력 이노베이션 이니셔티브(CIP, 2007~2013, 예산액 7년간 5조

원〉는 신리스본 전략의 목표(경생과 고용) 달성을 목표로 한다. 종래의 프로그램을 통합, 프레임워크 프로그램과 교육정책을 보완했다. 연구·이노베이션 프로세스의 하류 측에 특화한 것으로 프레임워크 프로그램의 다음 단계에 해당한다. 내용은 다음과 같이 3대 기둥으로 되어 있다. 즉 이노베이션 지원 프로그램(특히 중소기업), 정보통신 정책지원 프로그램, 인텔리전트·에너지·유럽 프로그램(재생 에너지) 등이다.

〈크리에이팅 이노베이션 유럽(Creating Innovative Europe, EU 독립 전문 그룹 보고서, 2006년 1월)〉은 통칭 〈아호(Aho) 리포트〉로 불린다. 아호는 이 그룹의 의장이며 핀란드 총리를 지냈다. 2005년 EU 햄프턴(Hampton) 서미트에서 2006년 봄 수뇌회의까지 〈신리스본 전략〉에 기초하여 EU 각국이 이노베이션에 관한 새로운 사업 실시를 가속하는 방법에 대해 제언할 것을 강조하고 있다. 보고서 가운데 '유럽 지도자가 직접 연구·이노베이션의 근본적인 대응책을 만들 필요가 있다'는 지적이 특기할 만하다. 이외에 '혁신적인 제품·서비스를 위한 시장 창출' '연구개발·이노베이션에의 투자 증가' '구조적인 유동성 향상'을 제언하고 있다.

### 독일

〈하이테크 전략(High-Tech Strategy, 2006년)〉은 2009년까지 약 20조 원을 투자한다는 장대한 계획이다. 연방 정부에 의한 부서간 횡단적 연구·이노베이션 정책이 핵심이다. 중점 영역은 모두 17개로 건강, 안전, 에너지, 정보통신, 나노테크, 재료 등이다. 구체적인 정책 이니셔티브는 응용지향 기초연구 조성, 중소기업 공적 지원, 특허 시스템 효율화 등에 의한 신기술 보급 촉진, EU 이노베이션 정책과의 연계, 직업교육·생애학습 강화 등을 담고 있다.

**영국**

〈과학·이노베이션 프레임워크 2004~2014(2004년)〉는 향후 10년간 영국 과학기술 투자의 기조 계획이다. 연구개발 투자의 대 국내총생산 비율 목표를 2014년까지 2.5%로 잡았다(2004년에는 1.4%였다). 이 계획의 목표로는 대학 연구를 위한 재정의 지속적인 확보와 월드클래스 연구 유지, 기술·지식 이전의 촉진 등을 내세우고 있다. 한편 2004년 '기술전략위원회(Technology Strategy Board)'를 설치했다. 이는 〈이노베이션 정책 보고서(2003년)〉에서 제언된 것이다. 특징은 정부로부터 독립한 산업계 주도의 조직(산업계·지역 대표자, 대학 관계자, 정부 부서에서 참여)이라는 점이다. 시장지향적인 우선 분야 설정, 이에 기초한 조성제도(기술 프로그램)의 감독을 주 업무로 한다. 위원회는 중요 기술영역(2006년)으로 6개 영역을 선정했다. 첨단 재료, 바이오사이언스·헬스케어, 설계공학·첨단 제조 기술, 일렉트로닉스·포토닉스, 정보통신 기술, 지속 가능한 생산·소비 분야 기술 등이다. 이를 위해 약 1,700억 원의 조성 공모를 실시하기도 했다.
한편 세계적인 반향을 일으킨 〈기후변화의 경제학에 관한 스턴 보고서(2006년 10월)〉도 있다. 세계경제가 기후변화·지구온난화로 받는 영향에 대해 경제학자인 니콜라스 스턴(Nicholas Stern, 전 세계은행 부총재)과 영국 정부가 정리한 700쪽에 달하는 리포트이다. 과학자가 아닌 경제학자가 중심이 되어 경제활동의 지구온난화에 대한 영향을 정리한 첫 보고서다. 온난화 대책이 경제성장을 저해하는 것이 아니고, 대책이 늦어지면 장래의 경제적 손실이 늘어날 가능성이 있음을 지적했다. 스턴 보고서는 세계의 교과서 역할을 하고 있다.

**프랑스**

〈이노베이션 지원 정책(2002년 정부안, 2003년 수정안)〉이 기본 지침서다. 기업, 연구기관, 대학 등의 관계자를 모아 연구성과 산업성이 작성한 것으로 구체적인 시책은 다음 7항목이다.
- 엔젤(소규모 벤처캐피탈)을 위한 새로운 법체계 정비
- 이노베이션 신예기업의 연구개발 지원
- 연구개발에 대한 감세 조치로 이노베이션 지원
- 이노베이션 지원수속 간소화
- 기업의 연구성과 실용화 촉진
- 교육 시스템 개혁으로 이노베이션 진흥
- 기업의 전략적 연구개발 활동 지원

이 지원 시책을 강화하기 위해 2005년 '국립연구청(ANR)'을 설립했다. 첫해 예산 규모는 약 1조 원이었다. 국립연구청은 정부가 결정한 전략에 따라 기초 및 응용 연구개발, 이노베이션 및 관민(官民) 제

휴를 지원한다.

### 스웨덴

산업·고용·통신성, 교육·과학성이 〈이노베이티브 스웨덴(Innovative Sweden, 2004년)〉을 책정했다. 구체적인 시책은 각 부서·에이전시 레벨에서 실시하고 있다. 목표는 다음과 같다.
- 이노베이션을 위한 지식기반 형성
- 혁신적인 무역·산업 발전
- 혁신적인 공공투자의 활용
- 혁신적인 인재의 활용

### 네덜란드

총리가 의장이고 산업계와 대학 관계자가 참가한 자문기관에서 이노베이션 촉진을 위한 프로젝트로 〈이노베이션 플랫폼(Innovation Platform, 2003년~2007년)〉을 발표했다.

2005년 경제성의 예산서에 이노베이션 정책 목표가 확실히 명시되어 있다. 그 내용은 다음과 같다.
- 기술지식을 활용한 신흥기업의 확대
- 중소기업의 지식 응용 촉진
- 산업계 중심의 기술 개발·응용 촉진
- 산관 연계에 의한 지식기반 강화

- 이노베이션 정책으로 지식 보호에 대처

**핀란드**

핀란드 과학기술정책위원회가 〈과학, 기술, 혁신(Science, technology and innovations)〉을 2006년 6월 발표했다. 여기에는 '에너지·환경, 금속·제조업, 삼림업, 건강·복지 산업, IT, 서비스업 등 클러스터(cluster)마다 산학관 공동에 의한 전략 작성' '분야마다의 연구 재구축' 등이 들어 있다.

이어 핀란드 아카데미와 기술이노베이션청은 〈FINNSIGHT 2015〉를 내놓았다. 120명의 과학·기술, 사회과학, 비즈니스의 전문가를 포함한 위원회를 만들어 환경·에너지, 서비스·이노베이션 등 10개 영역에서 과학·기술·사회의 2015년 모습을 예측하는 보고서를 내기도 했다.

**일본**

일본 총리실 내각부의 〈이노베이션 25 전략회의〉는 2007년 6월에 오는 2025년의 일본사회 모습을 그리는 장기 전략인 〈이노베이션 25〉의 보고서를 발표했다.

이 보고서는 암 등 3대 질병의 극복 등 20개의 목표 예를 제시했다. 이노베이션을 "단순한 기술적 발명이 아닌 다양화되어가는 생활과 사회의 수요를 반영하여 이에 부응한 요구를 새로운 가치로 변환하는 사회변혁 프로세스"라고 정의했다. 따라서 과학기술, 사회, 인재 등 3가지 이노베이션의 일체적 추진이 중요하다고 강조했다.

보고서는 크게 다음 6가지 항목으로 구성되어 있다.

- 이노베이션의 기본적 사고
- 일본과 세계의 향후 20년
- 이노베이션의 필요성
- 2025 일본의 모습
- 추진 기본전략
- 추진 정책과제

이 보고서는 경제자문회의, 종합과학기술회의에서 최종 정리되어 현재 정부 경제 정책으로 추진되고 있다.

보고서에서 특이할 만한 사실은 이노베이션을 일으키는 조건으로 '역동성이 풍부한 사회'를 지목한 것과 이노베이션의 핵심이 인재 양성이라며 '일본사회에서 튀는 사람을 늘려야 한다'는 제언은 대단히 획기적인 발상이다.

한편 20년 후 일본과 세계를 전망하면서 다음의 사례를 든 것도 의미 있는 발상이다.

- 캡슐 1정으로 수면 중 건강 진단
- 달릴수록 공기가 깨끗해지는 자동차
- 지진 발생 후 15초 긴급 대응에 의한 희생자 격감

결국 일본이 지향하는 사회모델은 생애 건강한 사회, 안전하고 안심할 수 있는 사회, 다양한 인생을 보낼 수 있는 사회, 세계적 과제 해결에 공헌하는 사회, 세계로 열린 사회로 요약할 수 있다.

**일본의 이노베이션 전략 짜기**

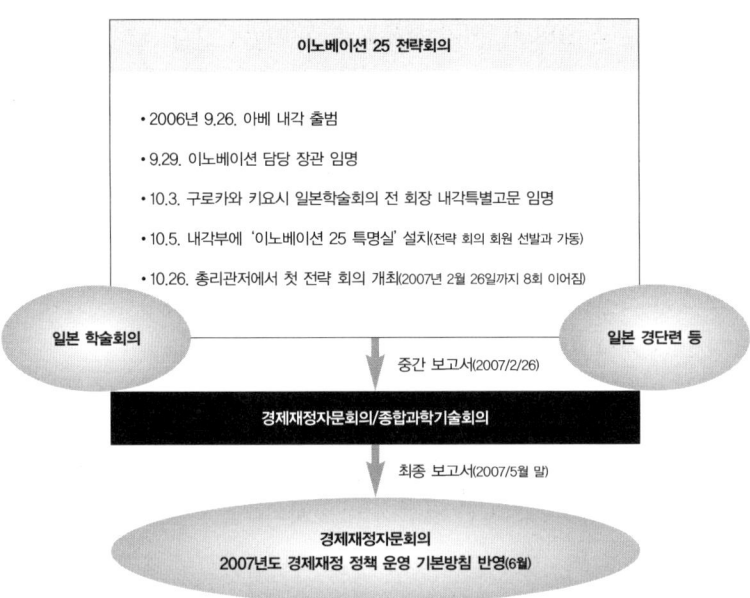

2006년도 과학기술 예산은 정부 3조 7,194억 엔/민간 12조 7,458억 엔(2005년)

이를 위해 과학기술 이노베이션, 사회 이노베이션, 인재 이노베이션 등 3대 축을 잡고 있다. '이노베이션 입국'을 선언한 배경이다.

**중국**

이노베이션 전략의 총체적 로드맵이 2006년 2월에 발표된 〈국가

## 중국의 30년 구상

**후진타오 주석의 강화(講話)**
-2008년 6월 23일 중국과학원과 중국공정원의 과학기술자 대표회의에서
"올해는 개혁개방 정책 30주년을 맞는 해다. 1978년 3월 18일 열린 전국과학대회에서 덩샤오핑 동지는 과학기술이 맡은 역할, 그 발전의 중요성, 과학기술에 대한 전략적 중점화의 필요성, 과학기술자의 정치적 지위와 인재 양성을 강조했다. 또 중국 근대화의 열쇠는 과학기술에 있다고 설파했다. 금후 분야를 넘어 단결하여 과학기술의 힘을 발휘하자."

중장기 과학기술 발전계획(2006~2020년)〉이다.

2020년에는 연구개발 투자의 대 국내총생산 비율을 2.5%로 한다는 내용을 포함, 중국인에 의한 발명특허 및 과학논문 인용수를 세계 5위 이내로 한다는 등의 구체적인 목표를 내걸고 자주창신(自主創新, 독자의 이노베이션)을 중시하고 있다.

또 장래의 지속 가능한 이노베이션과 경제사회 발전을 위한 첨단기술 8개 분야를 잡았다. 바이오, 정보기술, 신재료기술, 첨단 제조기술, 선진 에너지기술, 해양기술, 레이저기술, 항공우주기술 등이다. 여기에 4건의 중대 과학 기초연구 테마를 붙였다. 단백질, 양자제어,

나노기술, 발육과 생식 등은 기초 분야에서 장기적으로 끌고 갈 심산이다.

이어 발표한 〈제11차 5개년 계획(2006년 3월)〉은 전국인민대표대회(한국의 국회에 해당)에서 승인된 것으로 국가 전체가 '과학적 발전관의 관철'을 중시하고 있다. 구체적으로는 과학기술 이노베이션을 통한 비약적 발전, 중대 과학기술 특별 프로젝트의 개시와 중대 과학기술 기초시설의 건설을 통한 자기 이노베이션 강화와 추진 등을 내세웠다. 교육의 우선적 발전, 의무교육의 보급 강화, 교육비의 국내총생산 대비 4%의 달성, 인재강국 전략의 추진, 이노베이션의 의식과 능력 풍부한 인재 양성 등도 들어 있다.

### 싱가포르

〈인더스트리 21 계획(Industry 21, 2010년까지의 산업 기본 정책, 1999년)〉이 이 나라의 핵심전략이다. 제조업과 서비스업을 축으로 한 지식집약형 산업의 세계적 허브를 목표로 한다. 2000년에는 개별 분야의 산업정책으로 〈인폼 21(정보통신·네트 비즈니스)〉〈싱가포르 게놈 계획〉〈과학기술 2005년 계획〉 등을 잇달아 발표하고 있다.

# 4 지금부터 무엇을 준비해야 하는가

　21세기를 맞이하여 포화하는 시장과 글로벌 경쟁의 치열화, 다발하는 기업의 불상사 또 네트워크기술의 진보, 출산율 저하, 고용의 미스매치(misnatch), 공공사업의 민영화 추세 등 사회의 모습이 다이내믹하게 변화하고 있다.

　지금의 기업은 사회로부터 준엄한 감시와 평가를 받는 시대이며 경영은 점점 어려움이 증폭되고 있다. 수익만으로 기업을 경영하던 시대는 이미 마감을 고하고 있고, 새로운 기업모델이 요구되고 있다. 이러한 가운데 지속 가능한 기업이 되기 위해 새로운 기업가치관이 필요한 시대로 접어들고 있다. 이러한 환경을 두루 꿰뚫을 수 있는 키워드는 '이노베이션'이다. 기업이 가치경쟁의 시대로 들어가면서 소위 '기업 품질'이란 말까지 생기게 됐다. 이는 제조업체에서 서비스업체에 이르기까지 부단한 이노베이션을 통해 기업의 가치를 높이면서 사회적 책임을 확대하고 국제적 공헌을 실행하는 기업들에 대한 평가척도라 할 수 있다. '이노비즈(Innobiz)'라는 말도 유행하고 있다. 이노베이션과 비즈니스의 조합어로 기업이 이노베이션을 선도하고 그 과실을 모두와 나눈다는 의미이다. IT의 발달과 비즈니스 사이클의 동조화(syncronized)로 토마스 프리드먼(Thomas Friedman)이 말한 대로 '지구가 편평해진 시대(The world is flat)'에 걸맞는 혁신적 기업들의 출동을 사회는 요구하고 있는 것이다.

새 정부는 지난 정부에 이어 어려운 재정환경 속에서도 관련 예산을 대폭 늘리고 있다. 이것은 앞으로 우리 경제를 책임질 기술혁신, 성장동력, 인재 양성 등 3가지 요소가 과학기술에 달려 있기 때문이다.

우리는 무역 5천억 달러 시대를 맞이했다. 이 액수는 국내총생산의 70%에 해당한다. 5년 후에는 1조 달러 시대로 간다는 예상이다. 개인 소득수준도 현재 2만 달러 근방에 머물고 있지만 2015년경에는 3만 달러를 지향한다. 그러기 위해선 경제성장 잠재력을 키우고 이를 능가하는 실질 경제성장을 이룩해야 한다. 또한 성장을 이끌 주역으로서 선두를 짊어질 대기업과 허리를 맡을 중소기업의 상생이 절대적으로 이루어져야 한다.

이런 점에서 정부가 추진 중인 이노베이션 정책은 기업·대학·출연 연구소 등은 물론이고 특히 1만 개가 넘는 혁신적 중소 및 벤처기업을 망라하는 국내 산업정책의 총화인 셈이다. 우리 기업들이 이노베이션을 선도하면서 세계를 향해 발신(發身)할 수 있는 기회를 잡아야 할 때다.

# PART 2

## 10대 핵심 공학기술의 현재와 미래

1. 10대 핵심 공학기술의 도전 | 2. 기술 융합의 결정체, 유비쿼터스 시스템 | 3. 진화하는 자동차산업, 지능형 자동차 | 4. 대양을 석권하는 조선기술, 크루즈선 | 5. 또 하나의 인류, 로봇 에이전트 | 6. 건강한 미래, 생명공학 | 7. 소재혁명의 원천, 나노기술 | 8. 위험 없는 사회를 위한 국가 안전기술: 방재기술 | 9. 꿈의 프론티어, 항공우주 : 무인기기술 | 10. 저탄소 사회를 여는 신재생 에너지 | 11. 에너지 자립의 교두보, 원자력 : 사용후핵연료 재활용 기술

우리의 미래를 위해 준비해야 할 10대 기술을 제시하였다. 이들 기술이 장차 우리에게 어떤 의미에서 좋은 기회가 될 수 있는가? 이 분야에서 우리의 기술역량은 어느 수준에 있으며, 사업화 능력은 어떠한가? 선진국과의 역량 차이를 줄일 수 있는 방안은 무엇인가? 등의 문제의식을 가지고 새롭게 접근하였다.

# 1

## 10대 핵심 공학기술의 도전

　한국공학한림원은 2005년 10월 발간한 《다시 기술이 미래다》에서 우리의 미래를 위해 준비해야 할 10대 기술을 제시하였다. 이번에는 이미 소개된 10대 기술을 각각의 대표적인 세부기술을 중심으로 보다 구체화시키고 새롭게 재조명하였다. 즉 이들 기술이 장차 우리에게 어떤 의미에서 좋은 기회가 될 수 있는가? 이 분야에서 우리의 기술역량은 어느 수준에 있으며, 사업화 능력은 어떠한가? 선진국과의 역량 차이를 줄일 수 있는 방안은 무엇인가? 등의 문제의식을 가지고 새롭게 접근하였다. 10년 후를 내다본 중장기적인 기술 예측으로써 우리 산업계의 창조적 혁신을 위해 꼭 필요한 기술 분야를 살펴본 것이다.

포함된 기술 분야는 전통산업 분야의 미래 지향적인 기술과 새로운 첨단기술 및 에너지 관련 기술 분야가 포함되어 있다. 기술 융합의 결정체라고 할 수 있는 유비쿼터스 시스템, 지능형 부품의 장착이 획기적으로 증가할 것으로 예상되는 지능형 자동차, 조선기술에서는 보다 고부가가치 기술인 크루즈선, 로봇 분야는 앞으로 그 시장이 크게 확대될 것으로 기대되는 지능형 로봇을 중심으로 살펴보았다. 다음으로 시장이 이미 확대되기 시작한 바이오신약 개발, 소재 혁명을 선도할 것으로 기대되는 나노기술, 대표적인 국가안전기술의 하나로 방재기술, 항공우주 분야에서는 우리가 경쟁력을 일부 확보하고 있는 무인기기술이 포함되어 있다. 끝으로 저탄소 사회를 여는 신재생에너지 관련 기술, 원자력 분야에서는 사용후핵연료 재활용 기술을 중심으로 기존의 10대 기술을 재조명하였다.

이 같은 작업은 공학한림원의 전문기술분과위원회의 적극적인 협조에 의해 가능하였다. 일부 내용은 이미 2007년 11월 공학한림원의 〈미래를 위한 제안, 창조적 혁신〉 심포지엄에서 발표되었으며 대응방안을 중심으로 내용을 추가하여 이번에 재정리하였다.

# 2

# 기술 융합의 결정체,
# 유비쿼터스 시스템

　유비쿼터스(Ubiquitous) 환경은 정보를 언제, 어디서나 채취하고 전송할 수 있음으로써, 인간의 행동, 사유 그리고 안전의 반경을 넓히는 기술이다. 따라서 엄청난 양의 데이터를 빠르고 안전하게 처리할 수 있는 컴퓨터 분야, 통신할 수 있는 유무선통신, 디지털 컨텐츠 분야, 심지어 의료행위뿐만이 아니라 문화·인문 분야까지 혁명을 예고한다. 특히 우리나라의 경우, 과거 20년간, IT강국이라는 인프라를 구축한 토대 위에, 유비쿼터스를 선도하고 이를 국가의 성장동력 그리고 세계에 기여할 수 있는 기반을 갖춘 분야라고 할 수 있다. 유비쿼터스 분야는 크게 4그룹으로 나누어 살펴볼 수 있다.

**4세대 이동통신 개념도**

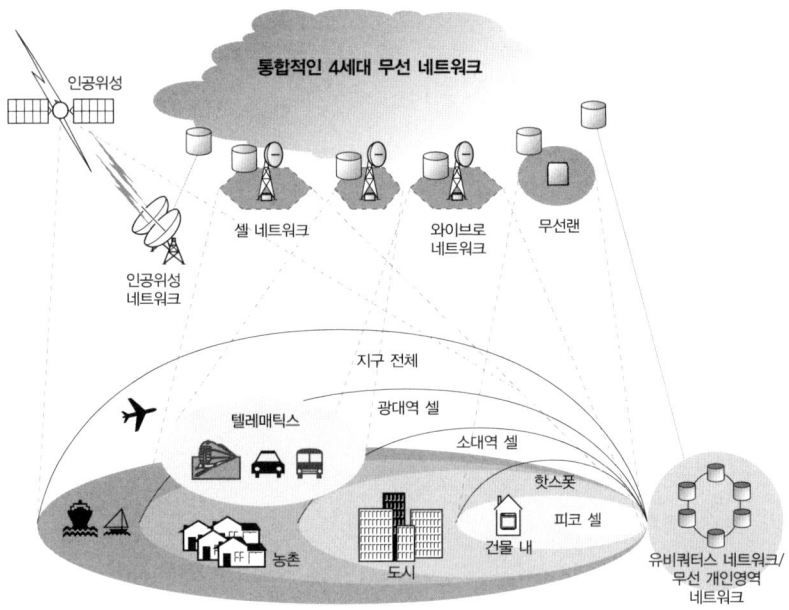

현재 각국에서 지역적으로 이루어지고 있는 무선통신이 통합적인 무선 네트워크로 통합되어 건물, 도시, 농촌, 이동 수단 등에 관계없이 자유롭게 통신할 수 있다.

- 1초에 100Mbit부터 1Gbit 정도를 무선으로 통신할 수 있는 소위 4세대 이동통신 기술, 그리고 10Tbit 이상을 광섬유로 집까지 전달할 수 있는 광섬유 인프라 관련 기술 분야
- 정보통신망 마비, 개인정보의 유출, 불건전 정보의 유통 등 정보통신 환경을 저해하는 위협과 부작용에 대응할 수 있도록 정보통

신 시스템 및 데이터의 기밀성(정보 유출 방지), 무결성(데이터 위·변조 방지)을 유지하고 시스템의 가용성을 보장하는 정보 보안기술 분야

- 3차원 디지털 TV, 냄새나 느낌 등을 느낄 수 있는 오감 TV 등과 같은 고품질 및 고품격 실감형 서비스를 제공함으로써 콘텐츠에 대한 몰입감(沒入感)과 콘텐츠가 제작된 공간에 있는 듯 실재감(實在感)을 배가시켜 서비스 이용자의 '공간지능'을 향상시킬 수 있는 방송통신 융합 분야와 디지털 콘텐츠 분야
- 다양한 위치에 설치된 태그 및 센서 노드(Sensor Node)를 통하여 사람·사물 및 환경 정보를 인식하고, 인식된 정보를 통합·가공하여 언제, 어디서나, 누구나 자유롭게 이용할 수 있게 하는 USN(Ubiquitous Sensor Network) 기술과 교통통신 분야

## 무엇이 기회인가?

**빠른 정보통신을 위해 무한히 발전하는 분야**

디지털 유목민을 가능하게 했던 이동통신은 1980년대 음성 위주의 서비스를 제공하던 1세대 아날로그방식 시스템(AMPS) 이후에, 디지털방식인 2세대 그리고 데이터 전송속도를 개선한 3세대 이동통신 서비스(CDMA2000 1x 계열 및 WCDMA/HSPA 계열)가 사용되고 있다. 4세대는 더 높은 수준의 정보통신 용량(100Mbit/초)을 통신하기

위해서 그림에서 보듯이 통합된 통신 시스템 융합을 추구하고 있다. 차세대 광전달망은 현재의 패킷(packet) 계층과 광계층으로 구분된 전달방식을 그대로 유지하면서, 최대한 성능을 올리는 단계와 10Tb/s 이상의 트래픽 환경에 대응하기 위해 지능형 광인프라가 도입되는 새로운 단계로 나눌 수 있다.

### 초고속 컴퓨터와 정보 보안의 발전

유비쿼터스 컴퓨팅 환경에서는 사용자와 컴퓨팅 기기, 사용자와 컴퓨터 간의 상호작용 인터페이스(interface), 사용자의 의도와 감정을 파악하고 이에 따른 능동적 대응을 하는 상황인지 및 추론 기술이 요구된다. 지금까지 시각, 청각 위주의 멀티미디어 콘텐츠, 정보처리 중심에서 촉각, 후각, 미각 등 인간의 오감 메커니즘을 이용한 실감형 콘텐츠 및 정보 서비스를 가능하게 하는 기술로 변화한다. 2006년 국내에서 생성, 복제된 정보 총량은 2,701PB(페타바이트, $10^{15}$바이트)에 달하며, 연평균 51% 증가되어, 2010년 국내 디지털 정보량은 15,728PB 규모가 될 것으로 예상된다. 참고로, 2,701PB의 정보량은 500쪽 분량의 책 15조 7천억 권으로 서울시 면적 전체를 9m 높이로 책을 쌓을 수 있는 분량이다. 이러한 정보처리 증가에 따라서 가장 중요해진 분야가 정보의 보안이다. 정보의 보안은 이제 더 이상 개인정보 보호 차원을 넘어서, 사회 및 인류의 안전과 밀접한 관련이 있는 분야가 되었다. 양자·광암호 기술, 바이오인식 기술, 유해 정보 차단 기술들이 유비쿼터스 사회의 안전을 위해서 필수 불가결한 기술이다.

**통신·방송 융합기술 개요도**

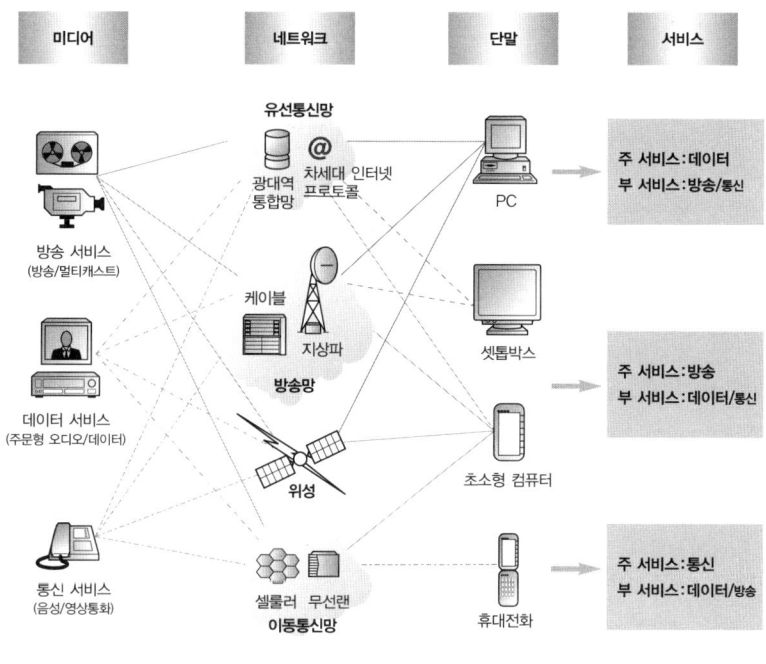

## 통신과 방송이 융합된 디지털 콘텐츠의 무한한 발전

아래의 그림에서처럼 방송, 데이터, 통신 서비스가 통합된 통신망을 통해서 소비자에게 전달되며, 이러한 활동이 새로운 산업을 창출하게 된다. 디지털 콘텐츠 분야에서는 디지털 영상(영화, 드라마, 애니메이션), 온라인 게임, e-러닝과 웹 정보로 대표되는 디지털 콘텐츠와 지식 서비스뿐만 아니라, 포스트게놈 시대(Post-genome era, 인간의 유전자를 읽어낸 이후 미래를 통칭)에 인간의 유전자 정보와 관련된 의료산업의 콘텐츠가 새로운 산업으로 발전할 가능성을 내포하고 있다.

**센서 네트워크, 그리고 자동차 교통체계로 안전 보장**

다음의 그림은 센서의 발전과 이를 통신망과 연결하는 무선통신 시스템의 발전을 표시하고 있다. 센서기술과 통신 네트워크 연결에 의해서 동식물의 식별 단계부터, 이력 추적, 상태 정보의 모니터링, 실시간 감시 및 제어, 자율형 서비스 등으로 진화한다. 또한 미래 첨단 교통 시스템 기술은 첨단 도로 인프라 기술과 차량과 차량 간 및 차량과 인프라 간 끊기지 않는 통신 인프라 기술의 발달로 보다 신속·저렴하고, 안전을 보장하는 혁신 첨단 교통 기술로 발전한다.

## 우리의 역량은 어떠한가?

### 기술 역량

**통신 인프라 : 무선, 광통신 분야**
세계 수준의 이동통신 및 초고속망을 보유하고 있으며, 통신·방송 융합, 유무선 융합을 비롯하여 무선랜(WLAN, Wireless Lan), 셀룰러(Cellular) 등을 중심으로 하는 컨버전스(Convergence) 네트워크의

**USN의 발전 단계**

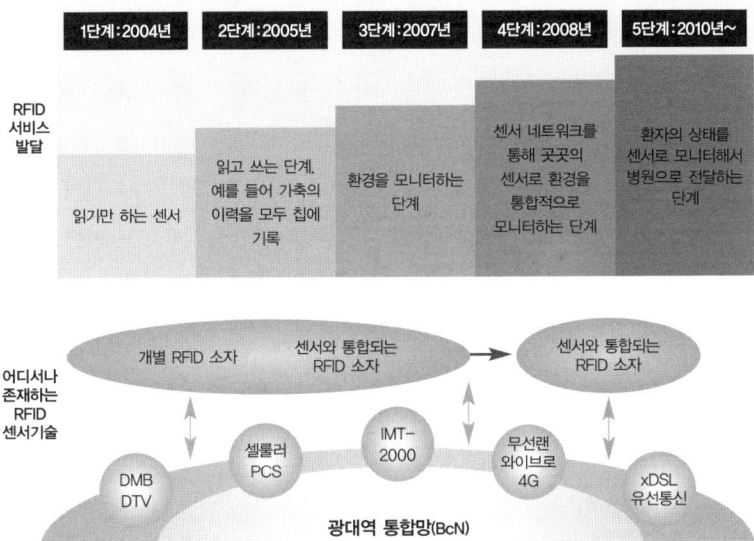

작은 안테나를 가진 칩(RFID)이 처음에는 가축의 이름이나 ID 등을 인식하는 단계로부터 발진해서 인간의 신체를 탐지해서 건강 상태를 미리 병원에 알려주는 단계로 변화해간다. 이러한 센서기술이 무선통신 네트워크와 연결되어 통합적으로 전 세계 어디서나 환경, 개인, 가축, 건물의 상태를 실시간으로 알 수 있게 한다. BcN은 큰 용량의 디지털 데이터를 보내는 데이터망이다.

시장 요구 증대 및 컨버전스 환경이 성숙되고 있다.

우리나라는 코드분할다중접속(CDMA, Code Division Multiple Access), 와이브로(WiBro, Wireless Broadband) 분야에서 각각 1996년, 2006년 세계 최초로 상용 서비스를 개시하고 세계 단말기시장 25%를 점유하고 있다. 또한 3G 서비스의 확산이 다른 나라보다 빠르게 진행되고 있으며, 2G/3G를 통한 기술 및 노하우 확보가 상당히 많이 되어 있다. 차세대 이동통신(IMT-Advanced) 기술은 IT 인프라의 기본으로 표준 및 기술 선점을 위해서 세계적으로 노력을 경주하고 있는 분야이다. 표준은 국제전기통신연합 전파 부문 이동통신 작업반(ITU-R WP8F)에서 주도를 하고 있으며, 제3세대 파트너십 프로젝트(3GPP)/제3세대 파트너십 프로젝트2(3GPP 2) 및 미국 전기전자학회(IEEE, Institute of Electrical and Electronics Engineers)가 주도하여 표준을 준비 중이며, 세계 선진국에서도 차세대 이동통신 요소기술 연구단계이므로 우리의 이동통신 기술 경쟁력 강화의 좋은 기회라고 할 수 있다.

광통신 분야 중, 광-패킷 복합 스위칭 기술, 네트워킹 기술 등에서 선진국과 대등한 수준의 기술역량을 보유하고 있다. 광대역(廣帶域, 가입자당 1Gb/s) 유무선 통합(4G) 액세스망 기술에서도, 모뎀기술에 있어서 시제품 구현 및 기능 검증을 하였다. 4G 무선 환경에서 셀 범위 확대를 위한 디지털 광중계기에 대한 연구를 진행하여 2006년 시제품을 통해 기능 검증 중이며, 이동·무선 분야에서는 세계적으로 기술적 우위를 확보하고 있다. 고속 광전송(파장당 100Gb/s 이상) 기술에 있어서도 광전송 계위(OTH, Optical Transport Hierarchy) 기반 40G급 순방향 오류 정정(FEC, forward error correction) 기능을 포함하는 OTU3 프레이머 칩의 개발과 OTH 기반 40G급 광송수신 링크의 개발이 진행되고 있어 이 분야에서 필요한 요소기술 및 관련 전문인력을 확보하고 있다.

### 컴퓨터와 정보 보안 분야

보안 분야의 기술 수준에 있어서는 미국(100%), 일본(91.9%), 유럽(88.9%), 한국(84.8%) 등의 순서를 보이고 있다. 그러나 중국과는 1.9년의 격차를 두고 있는 등 후발국의 추격 역시 위협이 되고 있다. 특히 인간 오감과 연관된 웨어러블(wearable) 컴퓨팅 분야에서는 원천기술 수준이 가장 낮아 선진국의 65% 정도 수준에 불과하다.

정보 보안 분야에서는, 생성된 양자광 송수신 기술은 선진국과 거의 대등한 수준이며, 양자 암호이론 부분은 세계 선도 수준의 기술을 보유하고 있으나, 양자광 생성·감지 소자 부분과 양자 암호통신 부분은 기술적 열위에 있다. 다중바이오인식 기술은 미국, 일본, 유럽의 최신 기술 보유기관과 비교하여, 기술 격차는 1~2년 정도이고, 바이오정보 보호 기술은 기술 격차가 2~3년 정도이고, 상대적 수준은 80% 정도로 추정된다.

### 통신·방송 융합과 디지털 콘텐츠 분야

3DTV 기술에서는 양안식 및 모바일 3D 디스플레이, 3차원 콘텐츠 압축 및 송수신에 대한 기술역량은 경쟁국과 비교해 우위에 있거나 대등하나, 다시점/초다시점 및 홀로그래픽 3D 디스플레이, 3차원 콘텐츠 생성 및 처리에 대한 기술역량은 열위에 있다. 양방향 데이터 서비스 기술에서는 원천기술 측면에서는 경쟁국과 대등한 위치에 있으며, 상용화기술 측면에서는 지상파 DMB의 조기 상용화 등을 통하여 경쟁국에 비하여 기술적 우위를 점하고 있다. 또한 오감 지향형 양방향 맞춤형 서비스 기술에서는 단말기 제조 기술은 우위, 오감지

원 기술은 열위에 있다.

### USN과 자동차 체계 분야

900MHz 수동형·433MHz 능동형 무선인식(RFID, Radio Frequency Identification) 태그 분야는 현재 최고 기술 보유국과 1년 이내로 단축한 상태이다. 센서 분야에서는 미래형 마이크로 전자기계 시스템(MEMS, Micro-Electro-Mechanical System)을 이용한 고성능 센서 등은 외국에 대부분 의존하고 있다. 국내에서는 가속도 센서, 자이로 센서, 온습도 센서, 압력 센서 및 음향 센서 등에 집중하고 있다. 미들웨어(middleware) 분야 역시, 우리나라가 개발한 전자상품코드(EPC, Electronic Product Code) 미들웨어 기술을 시범사업 등에 적용한 노하우를 기반으로 국제표준화기구(ISO)와 국제전기표준회의(IEC)에서 국제표준을 이끌고 있다.

자동차 체계에서는 일본, 미국, 한국, 유럽 순으로 일본이 압도적인 우위를 보이고 있다. 시스템 구축 기술 분야에서는 대부분의 기술이 대등하거나 열위에 있다. 우리나라의 고속도로 최고 운행 속도는 110Km/h이지만 일본의 명신고속도로는 140Km/h이고 독일의 아우토반은 속도제한이 없는 구간도 있는 등 고속통신 체계의 환경에서 열위에 있다.

### 사업화 역량

통신 인프라 : 무선, 광통신 분야

3세대 서비스에서 세계 최고 수준의 이동통신 서비스 공급 및 이용 환경 구축으로 차세대 이동통신 기술과 시장을 선도할 수 있는 기반을 확보하였다. 차세대 이동통신 서비스로 세계 최초의 와이브로 휴대 인터넷 시스템 핵심기술을 개발하고 2006년에 상용서비스를 개시한 경험이 있다.

광통신 분야에서는 정부를 중심으로 2010년까지 1,000만 가입자에게 50~100Mb/s급 광대역 멀티미디어 서비스를 제공할 수 있는 세계 최고 수준의 광대역 가입자망 구축을 추진해가고 있다.

### 컴퓨터와 정보 보안 분야

우리나라가 갖추고 있는 세계 최고 수준의 통신 인프라를 기반으로 IT 신성장동력 기반 서비스 특화 기술을 적용하여 신시장 창출이 가능하다. 우수한 IT 제조 인프라, 단말기술, 수준 높은 IT 활용도는 유비쿼터스 서비스와 같은 차세대 IT 서비스 창출의 촉매제이다.

멀티코어 프로세서 기술은 모든 IT산업의 기반이기 때문에 시장 규모가 크다. 일부 부분기술에 대해서 해외 대학, 기업과 기술 교류와 기업에 의한 요구사항을 기반으로 현재 시장에 적용이 가능한 멀티코어기술을 연구소 중심으로 개발하면 제품화 기간을 단축하여 상용화할 수 있다.

정보 보안 분야에서는 양자, 광암호 기술은 사업화와 관련하여 발달된 IT 관련 산업의 역량이 큰 발판이 되고 있으며 양자 암호는 IT 서비스의 정보 보호 기능을 크게 강화할 수 있는 기술로 정보 보호 취약점을 보이는 서비스에 대해 양자암호를 적용하여 높은 수준의 정보 보호 서비스를 할 수 있다. 광산업의 전반적인 사업화 여건이 상대적으로 미흡한 상황이지만, 최근 들어 광학기술의 중요성이 주목받고 있어 점점 사업화 여건이 좋아지리라 예상된다.

다중바이오인식 기술은 여권/비자, 출입국 관리, 전자금융, 전자투표 등 공공 분야 대국민 서비스로의 확대가 예상되고, 국제표준을 통하여 신분증명 등에 적용됨에 따라 국가 차원의 공공기반 기술로 수용되는 시점에서 개인정보 보호기능 제공으로 공익적 효과를 기대할 수 있다. 바이오인식산업은 초기 시장 형성기를 지나 성장기에 접어들고 있고, 대규모 공공 프로젝트의 준비로 관심도와 수요가 증대하고 있으며, 프라이버시 보호 및 바이오정보의 오남용 방지에 관한 기술의 개발은 바이오인식시장의 예상 성장치를 폭발적으로 증가시킬 수 있을 것으로 기대된다.

유비쿼터스 네트워크 및 USN 보안시장에서의 USN 산업화 여건은 미국 등에 비해 다소 떨어지지만, 이를 극복하기 위해 정부 주도의 USN 시범 서비스 사업이 추진 중이며, 지능형 휴대 단말용 보안기술은 산업체 주도로 단말시장이 형성되어가고 있으나 기반기술 등에 대하여는 해외 의존도가 높아 막대한 기술료를 부담하는 실정이다. 따라서 차세대 지능형 단말의 경우 여건을 개선하기 위하여 차별화된 개발 전략과 이를 극복하기 위해 정부 주도의 차세대 단말산업 정책 수립이 요구된다.

또한 유해 정보 방지 시스템 및 소프트웨어(S/W)시장이 협소하고 관련 산업체가 영세하며, 통합 멀티미디어 기반 유해 정보 차단기술은 법 제도적으로 정의는 되어 있으나 시행을 위한 지원이 미비한 상태이다.

### 통신·방송 융합과 디지털 콘텐츠

3DTV 기술에서는 개인통신 및 휴대 이동통신 인프라 환경이 발달해 있고, DMB와 같은 신규 디지털 방송 환경이 도입되어 있는 국내 환경은 통신·방송 융합기술 개발 및 사업화를 위한 매우 유리한 환경에 있다. 양방향 데이터서비스 기술에서는, 초고속 인터넷 및 고속 하향패킷접속(HSDPA, High Speed Downlink Packet Access) 상용화 등의 이동통신 환경이 경쟁국에 비하여 우월하고 국민들의 IT 분야에 대한 관심이 매우 높으므로, 양방향 데이터서비스 사업화를 위한 여건은 경쟁국에 비하여 좋은 편이다.

오감지원 양방향 맞춤형 서비스 기술에서는, 개인통신 및 휴대 이동통신 환경이 발달해 있고, 신규 디지털 방송 환경이 도입되어 있는 국내 환경은 통신·방송 융합기술 개발 및 사업화를 위한 매우 유리한 환경에 있으며, 맞춤형 서비스 기술은 이러한 장점을 살릴 수 있는 기술 분야이다.

### USN과 자동차 체계

1995년 제정된 '정보화촉진기본법'은 사물과 사물 간 통신을 가능케 하는 USN의 등장 등 새로운 환경변화를 수용하는 데 한계가 있고, USN 조기 활성화를 위해서는 민간 인센티브 부여, 무선인식 등의 부착 의무화, 관련 시스템의 효율적 통합을 위한 법적 근거 등이 필요하다.

USN은 재고관리 효율화, 유통과정 추적 등에 효과적인 기술임에도 불구하고, 제한적 세제 지원으로 본격 확산은 미흡한 상태이다. 생산, 도매, 소매 등 각 유통단계별 상품 거래 정보가 사실상 수집되고 있으나, 이를 과세표준 확대를 통한 세수 증대로는 연계하지 못하고 있다. 따라서, '거래 정보 종합 수집·제공 시스템' 구축 및 무선인식 부착 품목에 대한 법인세 또는 소득세 감면이 필요하다.

자동차 체계 분야에서 정부는 2006년부터 2015년까지 10년간 VC-10 프로젝트에 총 6조 5,000억 원 투자가 필요하다고 예측하고, 2006년 2,620억 원에서 연간 5,000억 원 내외의 예산을 지속적으로 투입할 계획이다. 특히 2007년 8월에 2016년까지 IT기술을 결합한 미래형 차세대 고성능·지능형 고속도로 '스마트 하이웨이'를 구축하는 계획을 수립하여 1,500억 원을 투자하여 도로 건설, 통신, 자동차가 연결된 고속도로 건설 기술을 4단계에 걸쳐 개발할 예정이다. 특히 일본의 유사 사업인 '스마트웨이(Smartway)'보다 더 고속의 이동 속도와 안전을 동시에 지원하는 지능형 고속도로 건설사업으로, 정보통신 분야의 개발 기술을 사업화하기에 최적의 환경을 조성하고 있다.

### 역량의 차이를 줄일 수 있는 방안

**기존 IT기술과 네트워크를 이용해 원천기술을 사업화로 전환하는 생태계 형성**

새로운 기술과 서비스의 조기 확산을 위해서는 법이나 제도의 통일적인 지원이 필요하다. 필요한 경우 세제 지원, 보조금 지급, 무선인식 부착 의무화 등이 포함될 수 있다. 개별법으로 접근하는 것보다 통일적인 접근이 필요하다.

특히 USN인 경우, 국제표준 기술 발굴을 위한 주파수 정책 및 체계적인 기술개발에 있어 미흡한 상태이다. USN 기술은 옥내 및 옥외 등 광범위한 공간 및 지역에서 사용되는 기술로 현재 홈네트워크, 무선인식, USN, 블루투스 등 관련 유사 주파수 대역을 사용하는 서비스가 혼재되어 사용 중에 있다. 또한, u-City 구축 등 USN 서비스 확대 계획 등으로 향후 소요 채널 수 요구 증대, 상호 간섭 등이 대두될 전망이고, 관련 소출력 무선기기 주파수 대역의 엄격한 용도 제한으로 신기술을 응용한 새로운 RFID/USN 무선서비스의 적기 활용이 곤란한 실정이다.

차세대 이동통신 시스템과 단말기 등 기술개발 지원 프로그램이 수립되어 미리 단말기, 시스템 분야가 '규모의 경제'를 조속히 만들 수 있도록 정부의 연구개발 정책 로드맵이 마련되어야 한다. 이를 위해 정부는 단일표준 정책을 통한 최소한의 '규모의 경제' 시장 제공 및 국내 채택 표준시장의 확산을 위한 해외 협력을 강화하도록 한다.

국내에서 채택한 차세대 이동통신 표준의 세계시장 확산을 위한 중국, 일본 등 주변국 및 주요 해외 목표시장과의 협력 프로그램 수립 및 강화 및 해외시장 진출 확대를 위한 국가신인도 활용 수출 진흥정책 마련이 필요하다.

유선통신 사업인 경우, WTO와 통신 사업자의 완전 민영화로 시작된 통신 분야의 시장경쟁 체제에서 국가 과학산업 기술 인프라의 한 축을 이루고 있는 유선통신산업이 상당한 어려움에 직면해 있다. 1980년대에서 1990년대에 이르는 기간 동안에 조성된 정부·연구기관, 산업체, 통신 사업자 등 세 주체에 의한 선순환 협력고리가 1990년대 후반 이후 시장경쟁 체제에서 붕괴되기 시작하였다. 통신 사업자는 단기간에 매출 효과가 기대되는 투자에 집중하고, 장비의 구축 방법도 계획에서 실행까지 짧은 기간에 이루어지기 때문에 산업체가 1년 이상의 장기적 연구개발을 추진할 환경이 조성되지 않고 있다. 따라서 국가적인 로드맵에 의해서 장기적인 접근이 시급한 상황이다.

**유비쿼터스 환경을 뒤처진 국가 핵심기술 발전의 기회로 이용**

u-City, u-Health 등 범국가적 전략인 u-Korea 구현을 위한 컴퓨팅 인프라 수요를 산업 활성화 기회로 활용해야 한다. 글로벌 디지털 콘텐츠 기업은 콘텐츠와 기기 및 소프트웨어를 연계하여 경쟁력을 공고히 하고 있으나 국내 기업들은 가치사슬 전반에 대한 연계 전략이 미비하다. 예로 소니는 소니뮤직, 콜롬비아픽쳐스, 소니커뮤니케이션엔터테인먼트 등을 통한 콘텐츠 확보와 휴대용 플레이스테이션(PSP, PlayStation Portable), 플레이스테이션(PS) 시리즈 등의 게임 단말기를 연계하여 디지털 콘텐츠 시장 영향력을 확대하고 있다.

세계 최고의 IT 인프라 구축으로 디지털 컨버전스 환경에 직면하고 있으나 법 제도적 준비가 지연되고 있다. 통신, 방송 등 매체간 규제로 융합 환경에 대응한 법 제도 정비 미진 및 이에 따른 신규 서비스가 지연되어 신규 디지털 콘텐츠의 기회가 상실될 우려가 높아가고 있다. 이에 방송·통신 융합 환경의 킬러 애플리케이션(Killer Application, 관리운용)으로 떠오르고 있는 디지털 방송·영상 콘텐츠에 대한 종합적 육성체계가 미흡한 상태이다.

첨단 교통 시스템 개발 역시 마찬가지이다. 우리나라는 IT기술의 최강국으로 개별 기술역량은 부족하지 않으나 첨단 교통 시스템을 최적으로 구축하기 위해서는 최상의 기술을 시스템 통합으로 완성하는 통합(Integration) 및 최적화 기술이 필요하다. 독자적 보유 기술만을 고집하여 시스템 연계가 지연되거나 저기능의 시스템이 구축되는 경우에는 막대한 연구비와 시간 손실이 따르므로 개발 기술 공유를 통한 창의적 기술 생태계를 조성하여, 시스템 테스트베드(Test Bed)의 구축 및 활성화를 위한 글로벌 네트워크 형성이 필요하다. 특히 핵심 아이디어를 시뮬레이션하고 성능 평가를 위한 검증 시스템의 개발은 원천기술 확보를 위한 주요 기반이다. 따라서 콘텐츠, 디지털 인프라, 교통 환경, USN을 포함한 유비쿼터스 환경의 발전 방향을 총체적으로 확립하는 것이 필요하다.


**연구개발을 통해서 원천기술 확보와 고급 인력 양성 시급**

특히 최근 도입된 통신·방송 융합에 의해서 새롭게 만들어지는 기술 플랫폼에 관련한 원천기술의 체계적인 개발 그리고 기업과 정부, 학계의 연구개발 목표의 상호 보완적인 역할 분담 등이 요구된다. 또한 새로운 기술 콘텐츠 확보를 위해, 콘텐츠 생산 분야에 영화, 문화 사업, 저술사업, 그리고 최근 시작되는 바이오 콘텐츠 사업이 참가할 수 있는 연구개발 방향 전환이 필요하다.

유·무선 및 통신·방송 융합 서비스의 확산에 따라 기술의 융합 발전을 촉진할 수 있도록 인력 양성 제도의 틀을 현재의 IT 인력 양산 체제에서 우수한 핵심 인력 확보에 중점을 두는 체제로의 전환이 필요하다.

또한 3D 유망 비즈니스 모델, 서비스 시나리오 등의 발굴 과제, 3D 서비스 도입에 문제가 없도록 국내외 표준화 및 입체 영상 안전 시청 가이드라인 제정에 관한 과제 및 실험 방송이나 시범 서비스 과제에 대한 정부 지원이 절대적으로 요구된다.

### 표준화를 선도할 수 있는 정부 지원과 법 제도 확립

연구개발와 생산, 마케팅 등을 성공적으로 이루기 위해서는 세계 무대에서 표준화를 선도할 수 있는 환경과 지원이 필요하다. 정부가 직접 개입하는 경우도 있고, 민간이 주도하는 표준화를 정부가 지원하는 등, 표준화를 선도하거나 적어도 표준화 방향을 연구개발 초기부터 동기화하는 것이 필요하다. 유·무선 및 방송사업의 서비스 구분 개선, 통신·방송 통합 규제법 도입 등 유·무선 및 방송망 융합에 따른 패러다임 변화에 부합한 규제의 새로운 틀 구축 및 관련 법 제도 개선이 이루어져야 한다.

# 3 진화하는 자동차산업, 지능형 자동차

### 무엇이 기회인가?

지능형 자동차는 각종 지능형 첨단부품의 장착을 통하여 차량의 '안전성'과 '편의성'을 획기적으로 향상시킴으로써 안전하고 쾌적한 교통환경을 확보하고 교통사고를 방지하여 사회적으로 인적, 물적 손실을 최소화하고 차량을 단순한 운송수단에서 운송·정보·업무·휴식 공간으로 발전하는 데 필요한 지능형 기술을 적용한 자동차를 의미한다. 따라서 지능형 첨단부품의 기능이 지속적으로 업그레이드되고 지능형 부품의 장착 비중도 크게 높아질 것으로 예상된다.

## 고부가가치화 및 사회적 비용 절감으로 자동차산업을 업그레이드

지능형 자동차는 안전과 편의성을 높여주는, 사람을 향한 기술임과 동시에 국가 경제 및 산업역량을 꾸준히 발전시킬 수 있으며, 세계적 과제인 환경과 에너지 문제도 해결할 수 있는 파급효과가 매우 높은 기술이다. 또한, 21세기 교통체계인 ITS(지능형 교통 시스템) 실현을 위해서도 지능형 자동차 기술은 중요하며, ITS 및 지능형 자동차 기술을 통하여 연간 17조 원에 달하는 혼잡비용을 줄이고, 교통 및 물류비용을 절감시킬 수 있다. 더욱이 지능형 자동차가 보급화될 경우 교통사고로 인한 인명 및 재산 손실을 줄임으로써 국가적인 차원에서 연간 18조 원 이상의 사회적 비용 절감을 예상할 수 있다.■

2007년 발표에 따르면 국내 자동차 생산량은 세계 5위(408만 6천 대)로 세계시장에서 5.6%의 점유율을 보였으며, 가격 경쟁력은 물론 품질 경쟁력을 갖춘 것으로 평가되고 있다. 국내 자동차산업은 국가 경제를 주도하는 제조업의 핵심 주력산업으로 총 수출의 13.7%, 전체 세수 부문의 15.5%를 부담하며 국가 경제 및 재원 조달에 중추적 역할을 해내고 있다. 따라서 국가 기반산업의 미래를 위해서라도 지능형 자동차 기술은 필수적으로 확보되어야 할 분야이다.

■ 국가과학기술위원회, 〈국가기술 지도〉, 2002.12. 참조.

## 2010년대 국내외 시장 규모 급성장 기대

지능형 자동차 시장은 세계적으로 매년 획기적인 성장을 거듭하고 있으며, 일본은 지능형 자동차의 시장 규모를 2015년 기준 1,000조 원 규모로 예상하고 있다. 미국은 연구기관에 따라 차이가 있으나 2010년 기준 연간 4,200억 달러(연간 500조 원)로 예상하며, 국내 시장은 2010년 기준 30조 원, 2015년 기준 100조 원 규모로 보고 있다.

일본의 경우 1991년부터 15년간 3단계에 걸쳐 지능형 자동차 기술 개발을 수행하였으며 지능형 자동차 기술을 활용하여 향후 10년 내에 교통사고 사망자 수를 절반으로 줄이려는 계획을 추진 중이다. 또한, 2000년 10월 건설성, 교통성 등의 후원과 AHSRA(Advanced cruise-assist Highway System Research Association) 주관으로 〈Smart Cruise 21 Demo 2000〉를 개최하였으며 전 세계 지능형 안전 차량 개발을 수도하고 있다.

미국은 연방 정부 및 지방 자치단체와 기업, 학교가 공동으로 첨단 교통 시스템 개발에 관한 연구를 활발하게 진행하고 있다. 연방 정부에서는 〈Mobility 2000〉이라는 이름으로 보다 안전하고, 경제적이며, 에너지 효율이 높고 환경오염이 없는 기술개발을 적극 지원하고 있다. 유럽에서는 1980년대 후반부터 지능형 교통 시스템의 일종인 프로메테우스(PROMETHEUS, Program for European Traffic with Highest Efficiency and Unprecedented Safety)에 5개국의 자동차 완성업체가 참여하여 안전정보 시스템, 능동보조 시스템, 협조운전 시스템, 교통/차량운용 시스템 등 주요 시스템을 개발 중이다.

지능형 자동차는 과도기적인 개발 단계로 현재 지능형 섀시 제어 안전 시스템 및 차량 정보화 시스템을 시작으로 선진국을 중심으로 시장 진입이 시작되는 단계이다. 지능형 자동차 기술은 21세기 교통체계인 지능형 교통 시스템(ITS) 구축에 필요한 핵심 요소기술로 편의성, 안전성에 대한 요구에 발맞춰 향후 10년간 큰 성장이 예측되고 있다. 특히 반도체·정보통신·전기전자 기술의 최대 수요처로서 관련 산업의 시장 진입이 확대됨에 따라, 지능형 자동차의 급성장과 더불어 기계부품·전자·정보통신·IT 분야로의 기술개발 및 산업 발전 파급효과가 크게 이루어질 전망이다. 차량 전장화의 가속화 및 정보기술의 접목으로 자동차에 콘텐츠 사업이 본격적으로 접목되는 2010년 이후에는 여러 산업이 융합된 새로운 산업으로의 급부상이 예상된다.

### 우리의 역량은 어떠한가?

지능형 자동차 시스템은 사고 예방 시스템, 사고 회피 시스템, 운전자 및 보행자 지원 시스템, 지능형 차량 정보 시스템, 차량 네트워크 및 실시간 제어 기술, 자동주차 및 자율주행, 운전자 편의 향상 등을 들 수 있으며, 주요 기술 스펙트럼은 다음과 같다.

지능형 자동차 분야는 기술 발전 사이클상 성장기에 위치하며, 1991~2004년간 미국내 지능형 자동차 분야 특허 분석 결과, 국가별 점유율은 미국 54.0%, 일본 28.1%, 독일 8.8%로 나타났다. 10대 소

**지능형 자동차 분야 기술**

| 분류 | 시스템 | 핵심기술 |
|---|---|---|
| 안전도 | 선진 안전 차량 시스템 (ASV, Advanced Safety Vehicle) | 차량 제어 기술 |
| | | 센서/액추에이터 기술 |
| 정보화 | 차량 정보 통신 시스템 (VICS, Vehicle Information and Communication System) | 전자제어기/통신 기술 |
| | | 차량용 인터페이스(HMI, Human Machine Interface) 기술 |
| | 운전자 정보 시스템 (DIS, Driver Information System) | 지능형 차량 시스템 통합 및 성능평가 기술 |
| 편의성 | 지능형 차량 정보 시스템 (Comfort & Security 시스템) | HMI 기술 및 감성공학 기술 |

유권자에서는 일본 국적이 7개, 미국 국적이 2개, 독일 국적이 1개로 일본 기업이 앞서 있다.

우리는 연구인력, 연구비, 연구기관, 인프라, 특허 등 모든 면에서 선진국에 비해 양적으로 열세이다. 현대자동차의 기술개발 투자 비용은 미국 GM의 1/8 수준이며, 연구인력에 있어서는 일본 선진업체의 절반에도 미치지 못하는 실정이다. 우리는 아직 지능형 자동차의 기반이 되는 핵심부품의 대부분을 선진국에서 수입하는 실정이다.

**지능형 자동차 국내 기술 수준 전망**

| 최고 기술국(일본) | 한국의 기술 수준 | 유망 기술 분야 | 취약 기술 분야 |
|---|---|---|---|
| 100 | 60(2006년)<br>⇒ 95(2020년) | • 능동형 안전장치 기술<br>• 지능형 차량 정보 시스템 기술 | • 표준화 기술<br>• 센서/액추에이터 기술<br>• 소프트웨어기술 |

자료:조철 외, 〈미래형 자동차 부품산업의 경쟁력 강화 방안〉, 산업연구원, 2007.

    지능형 자동차 기술은 크게 정보 교환을 위한 정보 제공 분야와 차량의 지능제어 분야로 나눌 수 있다. 지능제어 분야에서 궁극적으로 자율주행 등과 같은 운전자의 안전과 편리를 위한 각종 기능 구현을 위해 센서와 액추에이터의 제조기술과 응용기술이 절대적으로 필요하나 이 분야의 국내 기술은 매우 열악한 수준이다. 더욱이 지능형 자동차는 핵심부품과 운영 소프트웨어의 조합으로 이루어지기 때문에, 핵심부품뿐만 아니라 운영 소프트웨어 또한 중요한 요소이나, 국내 소프트웨어기술은 아직 부족한 상태이다.

    또한 국내에는 풍부한 양질의 생산인력이 있으나 디자인 전문인력과 엔지니어링 인력은 부족한 실정이다. 특히, 기계, 전기, 화공, 재료의 지식을 종합적으로 겸비한 고급 연구인력 및 엔지니어가 없는 실정으로, 인력 양성 프로그램 및 재교육 프로그램의 개발이 필수적이다. 선진국 자동차업체와의 기술개발 및 생산 협력이 확대되고 있어 선진업체의 글로벌 소싱(Global Sourcing)에 참여하는 부품업체 수가 증가하고 있으나 국제 공동 연구개발은 상대적으로 부진하다.

**지능형 자동차 관련 인프라 측면의 강점 및 약점**

| 구분 | 강점 | 약점 |
|---|---|---|
| 인력 | • 풍부한 양질의 생산인력 | • 미래형 자동차 기술개발 인력의 절대 부족<br>• 현장과 연계된 교육 시스템 취약 |
| 기술 기반 | • 우수한 생산기술 | • 기술 융합화 대응 부족<br>• 중장기 대형 기반기술 과제 추진 미흡<br>• 설계기술 및 핵심 기반기술 부족<br>• 유연 생산 시스템 구축 부진<br>• 미래 신기술에 대한 연구개발 투자 부족<br>• 부품업체의 전문화 투자 부족 |
| 국제 협력 | • 완성차업체의 해외 연구개발 강화<br>• 국내 부품업체와 선진국 업체 간 공급 협력 확대 | • 글로벌 네트워크 구축 부진<br>• 국가와 기업의 국제 공동 기술개발 참여 부진 |
| 제조·생산 기반 | • 세계 5위의 생산 능력 | • 고유 생산 시스템의 부재 |
| 디자인 기반 |  | • 자동차 전문 디자인업체 및 인력의 부족 |
| 마케팅·시장 여건 | • 세계 10위의 시장 규모 | • 해외 마케팅 능력의 상대적 열위 |
| 법 제도 | • 친환경 자동차 개발 및 보급 촉진 | • 환경 규제<br>• 안전 규제<br>• 공정거래 규제 |
| 기타 |  | • 글로벌 경영 역량 부족 |

이는 원천기술의 부족과 국제 공동연구 체제로의 편입이 미흡하기 때문이다.

선진국의 경우 대학, 연구소를 원천기술 개발의 중요한 주체로 생각하여 정부와 산업체의 지원이 활발하다. 국내의 경우 기업은 대학,

연구소 등과 보다 유기적인 공동연구 관계를 맺어야 할 필요가 있으며, 연구소는 기업과 대학 사이를 보다 긴밀하게 협력할 수 있도록 조율할 역량이 필요하다. 대학은 기술을 확보하고 원천기술의 기업체 이전으로 상용화의 길을 확보할 수 있어야 하며, 추후 연구소와 기업으로 이어지는 연구인력 양성에도 힘써야 할 것이다. 그러나 대학이 제시하는 연구개발 과제가 지나치게 학문적이라는 이유로 기업은 자체적인 연구개발 팀을 운영, 독자적으로 기술개발을 추진하고 있는 실정이다. 정부는 기업과 대학의 입장 차이를 효과적으로 조율하지 못하고 있으며, 결국 현재 시스템은 정부 사업, 산학 과제 등이 실용화에 보다 초점을 두고 진행되고 있다. 이는 새로운 자동차기술 등에 대한 학문적 배경과 원천기술 확보 부족으로 추후 기술적 독립을 달성하는 데 문제가 될 것이다.

### 역량의 차이를 줄이기 위한 방안

지능형 자동차 기술은 조기 상용화 가능성이 높은 분야로 중장기 국가 연구개발 프로젝트로 선정하여 산학연 및 국제 공동개발을 통해 관련 기술을 개발하는 것이 중요하다. 일본의 ASV, AHS, 미국의 PATH, 유럽의 PROMETHEUS 연구개발 프로그램 등과 같이 정부와 민간이 공동으로 지능형 자동차 개발을 장기적으로 추진하여야 한다. 이미 기술 축적이 이루어진 우리나라 반도체, 정보통신 및 전기전자 산업체와의 지능형 자동차 공동연구를 중장기 국가 연구개발 프로젝트로 만들 필요가 있다.

  지능형 자동차 기술은 미래형 자동차 기술 가운데 핵심기술로 향후 5년 이내에 상품화가 가능한 분야이다. 또한 소비자의 안전성 및 편의성을 추구하는 기술로 상용화되면 시장에서 충분히 환영받을 수 있다. 따라서 기술개발 기간을 1단계 3년, 2단계 3년, 3단계 4년으로 나누어서 조기 상용화와 중요도가 높은 순으로 개발을 추진하여, 실용화된 제품의 수익이 기술개발 지원으로 이어져서 선순환 형성이 되도록 유도하는 것이 효과적이다. 무엇보다 전장기술이 필수적으로 접목되는 분야이므로, 세계적 수준의 기술력을 확보하고 있는 우리나라 반도체 및 정보통신, 전기전자 산업과의 연계에 의하여 선진국과의 기술 격차 해소에 대응하여야 할 것이다.

  지능형 자동차 개발 기술력의 조기 확보와 상용화를 위해서는 시험 주행을 위한 대규모 인프라 구축이 필요하다. 기술 개발에는 자동차-운전자-환경이 복합된 여건하에서의 시스템 개발 및 평가가 필수적이며, 개발된 지능형 자동차 기술을 차량에 적용하기 위해서는 실제 주행환경에서 많은 평가를 통해 신뢰성을 확보하는 것이 중요하다. 그러나 실제 주행환경에서의 평가는 개발 중인 시스템의 오작동 등 불안정성으로 인하여 위험 상황을 초래할 수 있다. 따라서 안전한 주행환경에서의 평가를 위한 시스템 구축이 필요하며, 계획이 확정된 주행시험장의 조기 건설이 시급하다. 개발 초기 단계에서는 각종 시스템의 제어 안정성 및 동작 특성을 평가하기 위하여 가상 환경하에서의 시험평가 시스템 구축이 필수적이다. 완성차업체, 부품업체, 연구소, 대학 등에 모두 시험평가 시스템을 설치하는 것은 중복 투자이며, 이를 방지하기 위하여 공공 연구기관 내에 지능형 자동차 기술 및 개발 시스템의 평가를 위한 시설 등을 공동으로 구축하고 활용하는 것이 바람직하다.

# 4

# 대양을 석권하는 조선기술, 크루즈선

## 무엇이 기회인가?

### 규모 세계 1위에서 부가가치 세계 1위로

우리의 조선산업은 2007년 GT 기준 전 세계 선박 건조량의 36%, 수주량의 42.1%를 차지하여 확고한 세계 1위를 차지하고 있다. 대내적으로도 우리나라의 수출 5대 품목으로, 2007년 전체 수출의 6.8%(수출 278억 불, 무역수지 흑자 246억 불)를 차지하고 있는 효자산업으로 국민경제에 크게 기여하고 있다. 그 동안 우리 조선산업은 초대형 유조선, 대형 컨테이너선 및 LNG선 건조기술을 근간으로 경쟁

**외국 조선소와 국내 조선소의 영업이익률 비교(2006년 기준)**

| 조선소 | 매출액(억$) | 영업이익(억$) | 영업이익률 |
|---|---|---|---|
| 핀칸티에리(Fincantieri) | 31.97 | 2.06 | 6.4% |
| 아커야즈(Aker Yards) | 42.21 | 2.29 | 5.4% |
| 삼성중공업 | 66.44 | 1.04 | 1.6% |

아커야즈는 최근 우리나라의 STX조선에서 인수하였음.

력을 키워왔다. 그러나 추후 중국과의 경쟁에서 주도권을 계속 장악하기 위해서는 기술력을 바탕으로 크루즈선(호화 유람여객선) 시장에 진입하는 것이 필요하다. 표에 나타난 바와 같이 부가가치가 가장 높은 선종인 크루즈선을 주로 건조하는 유럽 조선소들은 일반상선 건조를 주로 하고 있는 국내 조선업체에 비해 영업이익률이 3배 이상 높다. 따라서 조선산업의 구조 고도화를 위해 필수적인 선택이다.

크루즈선 시장의 규모는 세계 인구의 노령화 및 소득수준 향상에 따른 삶의 질 추구로 레저산업 중 가장 빠른 성장세를 보이고 있다. 승객 증가와 더불어, 노후 크루즈선 대체, 해양오염 규제 강화 등의 요인에 따라, 1990년대 중반 이후 크루즈 선박은 연평균 8.5% 정도의 높은 수요 증가율을 보이고 있다. 특히 G/T 10만 톤 이상의 대형 크루즈선에 대한 수요는 빠르게 증가할 것으로 예상된다.

## 유럽의 3대 조선소가 크루즈선 시장 독점

전 세계 크루즈선 승객을 지역별로 살펴보면 2004년 기준으로, 북미 지역이 69.7%, 유럽 지역이 21.8%, 아시아 지역이 8.5%의 시장 점유율을 보이고 있다. 북미시장은 카리브해를 중심으로 알래스카 지역을 운항하고 있으며, 크루즈 관광에 대한 노하우와 기반시설이 잘 갖추어져 있어 향후에도 수요가 지속적으로 증가할 것으로 예상된다. 유럽시장은 영국, 독일, 이탈리아, 스페인 및 프랑스가 주도하고 있는데, 특히 영국은 북미시장보다 2배 정도 빠른 성장률을 보이고 있다. 아시아시장은 동남아 및 호주 지역을 중심으로 시장 형성 초기 단계이나, 2008년 북경 올림픽, 2010년 상해 엑스포를 계기로 크루즈시장이 활성화되리라 예상된다.

국내 크루즈시장은 금강산 관광용 및 한·중·일 항로에 일부 활용되는 정도로 시장 형성 초기 단계이다. 최근 부산항을 찾는 국제 크루즈선은 크게 증가하고 있으며, 2007년 4월 부산 영도구에 부산 국제크루즈터미널(GT 12만 톤급 크루즈선 입항 가능)을 개장하였으며, 부산항 재개발사업으로 2020년까지 국제허브여객선터미널(GT 8만 톤급 크루즈선 8척 동시 입항)을 건립할 예정이다.

크루즈선 건조시장을 주도하고 있는 유럽의 3대 조선소(핀칸티에리, 아커야즈, 마이어 베르프트Meyer Werft)들은 경쟁력 향상과 유지를 위하여 정부, 조선소, 연구소, 대학 등이 협력하여 크루즈선 기술개발 및 성능 고품질화를 위한 범유럽 프로젝트를 수행 중이다. 핀칸티에리 조선소는 1990년도 초 크루즈선 건조사업에 진출한 이후 로이트 베르프트

(Lloyd Werft, 독일) 등의 조선소를 인수하여 현재 동 분야 1위 위치를 고수하고 있으며, 장차 22만 톤급 초대형 크루즈선 개발을 위한 프로젝트를 수행 중이다. 아커야즈는 2006년 세계 최대 크루즈선(Freedom of the Sea, GT 16만 톤, 선주 RCCL사)을 건조하였다.

반면, 국내 조선소들은 여객 페리선(Ro-Pax ferry) 건조 경험은 있으나 크루즈선 건조 경험이 없는 실정이다. 하지만 국내 STX조선이 2007년 11월 유럽 2위 크루즈선 조선소인 아커야즈 지분의 39.2%를 인수, 최대 주주가 된 것은 크루즈선에 대해서도 본격적으로 진입하기 시작했다는 해석이 가능하다.

## 우리의 역량은 어떠한가?

### 기술 역량

크루즈선산업에 성공하기 위해서는 최고급 성능과 디자인이 우수한 선박 핵심 기자재 및 인테리어기술이 필요하다. 또한 크루즈선은 일반상선에 비해 고도의 정숙성과 안락함이 요구되는 선박으로 승객의 안전과 쾌적한 승선감을 확보하기 위하여 뛰어난 선박 운항 성능 및 안전 성능이 요구된다.

세부적으로는 최적의 선형 개발과 구조설계 기술, 승객 안전성 설계 기술, 인테리어 설계·시공 기술, 기자재 고급화·국산화 기술, 의장 시스템(기장, 전장, 선장) 설계 기술 등이 있다.

크루즈선 거주구역 인테리어 설계·시공 기술은 공동 공간(Public space) 인테리어기술과 객실(Cabin) 인테리어기술로 구분되며, 우리의 기술 경쟁력이 가장 취약한 분야이다. 육상에서는 고급 호텔 등에 대한 설계·시공 기술의 경쟁력을 갖추고 있으나, 크루즈선 인테리어 설계·시공 기술 부문은 선박 프로젝트 관련 경험 부족과 선박이라는 특수성(설계, 시공, 재료, 규칙의 특수성 등) 때문에 여객선에 대한 시공 경험이 있는 소수의 업체 외에는 기술이 부족한 실정이다. 크루즈선 거주구역 인테리어 기자재들은 수요자 문화에 적합하면서도 성능·품질뿐 아니라 디자인 측면의 고급화가 절실히 필요하다. 다양하고 방대한 기자재 및 인테리어 소재를 정해진 기간 내에 효과적으로 시공·관리하여 원가 및 물류비용을 최소화하기 위한 생산관리 기술 또한 매우 중요한 기술이다. 이러한 기술의 확보는 선박 수주 시점 및 기술의 난이도와 파급효과를 고려하여 개발의 우선순위를 결정하여야 한다.

크루즈선 설계·건조와 관련한 기술은 유럽 조선소 및 인테리어·기자재 업체들이 보유하고 있으며, 이들은 오랜 기간 크루즈선 건조에 참여함으로써 유기적 협력체제를 구축하고 있다. 크루즈선 건조 시장은 앞서 언급한 유럽의 3대 조선소가 수주 및 건조의 95% 이상을 차지하고 있다. 일본의 미쓰비시중공업은 1990년대 초 GT 5만 톤급 크루즈선을 건조한 이후, GT 12만 톤급 초대형 크루즈선 2척을 수주하여 건조하는 중 화재사고로 대형 손실을 입었으나 크루즈선 건조사업을 지속적으로 추진하고 있다.

우리나라 조선소는 크루즈선 건조 실적은 없으나 대형 페리 여객

**크루즈선 수주 잔량(2007년 5월 말 기준)**

| 조선소 | 국가 | 척수 | 천 GT | 금액(억$, 비율) |
|---|---|---|---|---|
| 핀칸티에리 | 이탈리아 | 16척 | 1,511 | 94.23(36.4%) |
| 아커야즈 | 핀란드/프랑스 | 12척 | 1,654 | 92.35(35.7%) |
| 마이어 베르프트 | 독일 | 10척 | 1,019 | 59.77(23.1%) |
| 기타 |  | 6척 | 135 | 12.40(4.8%) |

선(43,500톤 규모) 건조 경험이 있는 정도이다. 크루즈선 건조를 위한 국내 조선산업의 SWOT 분석은 다음과 같이 요약된다.

- 강점(S) : 우리나라 조선산업은 다양한 선박의 건조 경험이 있고, 규모의 경제를 실현시킬 수 있는 대형 건조 설비를 갖추고 있으며, 특히 선주의 다양한 요구조건을 수용하는 설계 유연성이 뛰어나다.
- 약점(W) : 국내 크루즈선 사업을 추진하는 크루즈업체가 없다. 크루즈선 건조기술 분야 중 인테리어 설계 및 시공 능력이 부족하며 고부가가치용 핵심 기자재 기술 및 가격 경쟁력이 부족하다.
- 기회(O) : 세계시장은 확대되고 유럽 업체들은 구조조정을 진행하고 있다. 여객선에 대한 룰(rule)이 강화됨에 따라 신기술에 의한 신모델의 개발이 진행되고 있다. 국내 업체들은 조선 호황으

로 기업 체질이 강화되어 신시장 개척을 대비하고 있다. STX조선의 아커야즈 인수로 시장 진입이 보다 용이해질 전망이다.
- 위협(T) : 크루즈선 건조시장은 납기, 원가, 품질 경쟁력 확보가 어려워 진입 장벽이 높은 분야이다.

**사업화 역량**

국내 조선소들은 대형 선박의 건조에 적합한 대형 시설과 건조기술을 확보하고 있으며 고품질 강판, 조선 기자재 공급 등 관련 인프라가 발달되어, 크루즈선 건조시장에 진입할 경우 빠른 시간 내에 경쟁력을 확보할 수 있으리라 기대된다. 국내 조선소들이 크루즈 사업화에 성공하기 위해서는 첫 번째 크루즈선 수주와 건조가 매우 중요하며, 첫 번째 프로젝트의 손실 규모를 최소화할 수 있도록 준비를 철저히 하여야 한다. 이와 관련하여 STX조선이 인수한 아커야즈의 건조기술이 국내에 확산된다면 크루즈선 건조시장 본격 진입이 보다 용이해질 것이다.

**역량 차이를 줄이기 위한 방안**

우리 조선산업을 보다 고부가가치화하여 지속적으로 발전시키기 위해서는 산학연이 참여하는 기술개발사업에 대한 정부 지원이 중요하다. 크루즈선을 개발하기 위하여 각 업체별로 유사한 연구개발사업을 별도로 수행할 경우 국내 연구역량이 집중되지 못할 가능성 있다. 또한 크루즈선과 같이 많은 부품을 수입하여 가공·조립 후 재수출하는 경우 기자재 수입에 관한 관세를 한시적으로 인하 또는 폐지하는 등 관세 제도의 재검토도 필요하다.

우리나라 조선산업은 일반상선 분야에서 세계 최고의 설계 및 건조 기술력을 확보하고 있으며, 이를 바탕으로 경쟁력 있고 특성화된 크루즈선을 개발, 기존 유럽 조선소에 비해 경쟁력을 갖출 수 있는 체제 구축이 필요하다. 취약 분야인 인테리어기술과 객실 설계 및 시공 기술을 습득하기 위해서는 국내 인테리어업체의 대형화 및 전문화가 필요하며, 시장 진입 초기에 빨리 경쟁력을 확보하기 위해서는 외국 업체와의 협력을 통해 관련 기술의 국산화를 추진해야 한다. 인테리어 설계·시공 기술의 표준화를 추진하여 비용 절감을 유도하고, 기술 개발 및 국산화 유인 정책을 추진함으로써 국내 인테리어산업의 조기 정착을 유도하는 것이 중요하다. 인테리어 설계 기술은 공학기술뿐 아니라 미적 감성이 필요한 분야이며 공학과 예술 분야에 관련된 감각을 일찍부터 습득할 필요가 있다. 이를 위하여 여러 학문 분야를 다양하게 접할 수 있는 복합적 교육 시스템 및 다학제간 공동 연구가 필요하다.

국내 조선업체가 크루즈선 진입에 따른 리스크를 최소화하기 위해서 단계적으로 시장에 참여하는 것이 바람직하나 STX조선이 인수한 아커야즈의 전략적 활용도 필요하다. 초기 크루즈선 건조 프로젝트 수행을 통하여 사업 수행의 역량을 확보하고 시장 진입 초기의 손실을 최소로 하고 빠른 시일 내에 영업이익을 달성하기 위한 사전적인 노력도 중요하다. 이를 위해 초기에는 동남아 및 유럽 등 중형 크루즈선을 대상으로 기술개발 및 사업화를 추진하는 한편 국내 크루즈 여객사업 추진의 타당성 검토 및 규제 완화를 통한 수요 부문의 사업화도 절대적으로 필요하다.

# 5

# 또 하나의 인류,
# 로봇 에이전트(agent)

　현재 산업용 로봇은 수요 및 생산 기반이 어느 정도 형성되어 있지만, 서비스용 로봇은 이제 시장이 형성되고 있다고 볼 수 있다. 그러나 향후에는 산업의 서비스화가 진전되고 소득수준이 향상되면서 편리성에 대한 선호도가 커져 산업용보다는 서비스용 로봇의 시장이 더 빠르게 성장할 것으로 예상된다. 특히 인간지능화 기술이 발달되면서 지능형 로봇이 급성장할 것으로 예상되며, 선진국에서는 이미 청소용 로봇, 간병인 기능을 일부 할 수 있는 실버 로봇 등의 보급이 확산되기 시작하고 있다. 또한 군사용 로봇의 기능이 고급화되고 다양화되면서 수요가 급격히 늘어나고 있는 실정이다.

## 무엇이 기회인가?

### 지능형 로봇, 2010년대부터 본격 성장 기대

지능형 로봇의 세계시장은 기술혁신과 보급 확산으로 2010년대부터 급격히 성장할 것으로 전망되며, 2020년에는 1천억 불이 넘는 거대 시장을 형성할 것으로 예상되어 차세대 성장동력으로 발전할 가능성이 크다.

지능형 로봇은 주거환경 변화, 고령화로 인해 복지와 관련된 새로운 수요에 대응하여 21세기 복지사회의 서비스 수요를 해결할 새로운 대안으로 떠오르고 있다. 삶의 질 향상에 대한 인간의 욕구 해결에 크게 기여할 것으로 예상된다. 감성을 소유한 가정용 지능형 로봇의 출현은 정보화 혁명에 따른 시간적인 여유와 풍요로운 생활과 더불어 부작용으로 나타날 인간의 고립화에 친밀감을 제공할 수 있을 것으로 기대된다. 교육용 로봇은 우리나라의 사교육비 문제를 해결할 수 있는 방안으로 부각되기도 한다. 또한 지능형 로봇은 인간이 하던 많은 작업을 대신할 수 있게 되어 가속되고 있는 산업 공동화에 대한 중요한 대안이 될 수도 있다. 지능형 로봇은 고령자와 장애인의 능력을 향상시켜 이들이 완전한 작업자로서의 역할을 수행하는 데 도움을 줄 수 있다. 지능형 로봇은 고난도이며 높은 신뢰성이 요구되는 사회안전 시스템 감시, 점검, 보수 및 인간의 접근이 어려운 재난 현장에서 재해를 극복하는 데 크게 기여할 수 있다.

### 지능형 로봇시장은 일본과 미국이 주도

일본은 세계 1위의 로봇 생산국(전 세계 수요의 60% 공급)이며 사용국이다. 일본 정부는 '메이드 인 재팬(Made in Japan) 6대 성장산업'으로 로봇을 선정하였다. 단계적으로 2006년에는 공공기관의 안내, 경비 등을 수행하는 로봇을 실용화하고, 2010년에는 의료, 복지, 우주 등의 분야에 로봇 적용을 확대하며, 2020년에는 자동차산업과 같이 주요 기간산업으로 발전시키는 것을 목표로 하고 있다. 이를 위해 로봇 관련 법 정비 및 정부 주도의 로봇 수요 발굴, 조달 지원, 국제 표준화 전략 등을 추진 중이다. 또한 소니, 혼다, 도요타, NEC, 도시바, 등 기업 주도의 개인용 로봇 연구개발이 활발히 진행되고 있으며, 이를 위해 기반기술 연구개발 촉진 및 리스 제도, 특별 세금 감면 혜택, 융자·대출 제도 등을 추진하고 있다.

미국은 전 세계 수요의 10%를 공급하는 세계 2위의 로봇 생산국이다. 최근 MIT의 10대 기술에는 로봇 디자인, 뇌-기계간 인터페이스, 자연어 처리의 로봇기술 등 3개가 포함되어 있으며, 인공지능과 로봇 병사, 로봇 우주인, 의료·재활 서비스 로봇의 개발에 중점을 두고 있다. 군사, 우주, 보안 분야의 연구개발 확충, 기초연구 고도화 및 실용화에 국가 연구개발 프로그램을 일관되게 추진하고 있다. 미 국방성산하 연구소(DARPA) 및 미 국립과학재단을 통하여 기초연구 지원체계를 구축하고 있으며, 미국의 로봇 분야 연구개발에 대한 투자는 일본의 10배로 추정된다.

EU는 EUREKA, ESPRIT, BRITE, TELEMAN 등 산학연 협동연구

**우리나라 지능형 로봇산업의 SWOT 분석**

| 강점 | 약점 |
|---|---|
| • 주거환경의 정형화(아파트)<br>• 세계 최고 수준의 인터넷 인프라<br>• 우수한 정보통신·반도체·전자 기술<br>• 제조 능력을 중심으로 한 거대 종합 가전시장 형성<br>• 메카트로닉스 관련 다양한 산업기반 | • 핵심 요소기술 및 부품기술 부족<br>• 중소기업 중심의 연구개발<br>• 전문인력 부족, 정책적인 지원 미흡<br>• 의료·복지 서비스 환경 취약<br>• 국가적 연구개발 전략 모형 미수립<br>• 이공계 기피 현상으로 이공계 학생들의 질적 저하 |
| 기회 | 위협 |
| • 선진국도 시장 초기 상황<br>• 관련 산업의 동시다발적 성장 잠재력<br>• IT산업의 성장에 따른 로봇산업 동반성장 분위기 고조<br>• 노령화, 노동인구 감소의 대응 방안<br>• 융합형기술로 다학제간 협력 유도하여 신기능 로봇 창출 가능 | • 선진국은 국가 차원의 전략을 가지고 집중 지원<br>• 선진국의 첨단기술 보호 정책으로 단기간 기술 추월의 한계<br>• 선진국의 기술 장벽 강화로 인한 기술적 예속 |

를 대규모로 실시하고 있으며, IST(Information Society Technologies)의 중점 과제로 2002년부터 멀티모달(multimodal) 인터렉션(Interaction) 인지 모델의 정의를 위한 COMIC(Conversational Multimodal Interaction with Computers) 과제를 수행 중이다. EU는 독일 국립정보기술센터와 스위스 제네바 대학 등 10개 연구기관의 협력 아래 시각을 구비한 로봇을 개발하는 VIRGO 계획을 추진 중이다.

## 우리의 역량은 어떠한가?

### 기술 역량

로봇은 기계, 전자, 컴퓨터, 통신 등 매우 넓은 기술 스팩트럼을 필요로 하며, 이러한 다양한 기술들이 조화롭고 상당한 수준으로 발달되어야 로봇산업이 본격적으로 시작될 수 있다. 특히 지능형 로봇을 위해서는 인간의 오감에 해당하는 인식기술들의 신뢰성이 확보되어야 한다. 이와 같은 기술들은 적용 분야도 서비스 로봇, 지능형 자동차, 지능형 빌딩, 휴대폰 등 그 범위가 매우 넓다는 특성을 가지고 있어서 산업 형성의 주도권을 갖기 위한 위력 있는 응용 분야가 필요하다.

원천기술들은 학교와 연구소를 중심으로 개발 중이며, 로봇 시스템 기술과 센서 개발 등은 기업에서 담당하고 있다. 우리나라는 2004년에 10대 성장동력으로 선정되어 국가 연구개발 프로그램이 주도하고 있다. 선진국들과의 기술 격차는 분야에 따라 다르지만, 적어도 3~5년 이상의 격차가 있는 것으로 인식하고 있다. 그러나 우리나라는 기계, 전자, 통신 등의 관련 산업이 발달한 편이며, 얼리어댑터(Early Adaptor)인 국민성에도 부합되어 기존 기간산업을 보다 지능화함으로써 새로운 성장동력으로 발전시킬 수 있는 유망 분야이다. 한국시장의 규모 및 사용 대수는 일본·미국·독일에 이어 세계 4~6위를 차지하고 있다.

지능형 로봇산업은 기술의 특성상 하향식(Top-Down)의 연구개발

**정부 부처별 로봇 관련 연구과제 추진 현황**

| 사업명<br>(주관 부처) | 과제명 | 기간 | 연구비 | 기술개발 내용 및 주요 결과 |
|---|---|---|---|---|
| 차세대 신기술<br>개발사업<br>(산자부) | 퍼스널 로봇<br>기반기술 개발 | 2001~2010 | 50억/년 | • 교양오락용, 가사용, 교육용 로봇 개발<br>• 퍼스널 로봇을 위한 제어·인식·정보·지능<br> 기술 개발<br>• 퍼스널 로봇용 메커니즘, 핵심부품,<br> 엔지니어링기술 개발 |
| 프론티어사업<br>(과기부) | 인간기능<br>생활지원<br>지능로봇 기술<br>개발 | 2003~2012 | 100억/년 | • 노인 생활 보조/이동 보조/간호 플랫폼 개발<br>• 지능칩(SoC) 개발 |
| 차세대 성장동력<br>사업<br>(정통부) | IT 기반 지능형<br>서비스 로봇 | 2003~2007 | 270억/년 | • 지능형 서비스 로봇을 위한 네트워크 기반<br> 서비스 기술 개발 |
| 차세대 로봇<br>전략기술<br>개발사업<br>(지경부) | 로봇 소프트웨어<br>지능형 로봇<br>개발을 위한<br>공통 기반기술 | 2007~2012 | 26억/년 | • 로봇 컴포넌트 기술<br>• 로봇 소프트웨어 프레임워크 기술 개발<br>• 로봇 통합개발 환경<br>• 로봇 소프트웨어 플랫폼 검증 및 평가<br> 자동화 기술 개발 |

기획이 중요하며, 산업의 제품 사이클이 매우 짧아 빠른 대응이 필요하며 이런 측면에서 한국이 잠재적으로 강점을 가지고 있다고 보인다. 그러나 오감에 관련된 인식기능도 로봇에 특화된 적용기술의 발전이 매우 중요하다. 따라서 기술적으로 뒤진 것을 만회하기 위해서

는 선택과 집중이 필요하다. 벤처기업의 출현, 국가 연구개발 사업의 활성화에 의해 로봇 관련 인력 수요가 지속적으로 증가함에 따라 인력 양성도 확대되고 있다.

**사업화 역량**

우리나라의 전반적인 사업화 여건은 경쟁국과 비교할 때 우선 내수시장 규모가 작고, 부품 소재산업이 약하다. 또한 원천기술이 상대적으로 빈약하며, 아직은 전문 연구인력이 크게 부족한 실정이다. 반면 아파트와 같은 정형화된 주거환경이 많아 로봇 적용이 용이하고, 네트워크 인프라가 잘 되어 있다. 또한 새로운 기술에 대해 적극적으로 용인하는 사회 분위기이며, 국가의 체계적 지원이 이루어지고 있고, 관련된 기간산업이 발달되어 있다.

기술의 상업화 및 시장 형성을 위해서는 실버 로봇의 사용에 있어서의 안전성이 확보되어야 하고, 로봇 사용에 따른 도덕적 차원의 개인정보 유출 등의 방지책이 필요하다. 또한 왜곡된 로봇문화에 대한 경계(성적 대상으로의 로봇 출현 가능)가 필요하며 인간과 로봇 간의 공존을 위한 조건이 충족되어야 한다. 뿐만 아니라 시장 형성을 위해서는 로봇산업의 초기 시장 창출을 위한 시범사업의 추진, 복지 차원의 보조금 지급 등 정책적 지원이 필요하다.

또한, 지능형 로봇의 본격적인 육성 발전을 위해서는 기술의 글로벌화를 통한 원천기술의 공유가 가능하여야 한다. 따라서 원천기술을 습득할 수 있는 체제가 필요하며, 기술의 적용을 확대하기 위해 연구개발 주체와 사용자 간의 관계를 고려한 국가 연구개발사업 시스템이 구축되어야 한다. 기술이전을 위한 기술지원 센터 및 산학연 비즈니스 센터도 설립되어 있다.

### 역량의 차이를 줄이기 위한 방안

2010년대 이후부터는 시장이 급격히 확대될 것으로 기대되는 지능형 로봇산업의 육성·발전을 위해서 정부의 장기적이고 원천적인 기술개발에 대한 투자 확대가 시급하다. 새로운 산업 형성을 위해 정부는 연구개발, 인프라 조성 등의 역할을 담당하고 기업은 상업화 기술에 초점을 맞추는 것으로 역할 분담이 이루어져야 하며, 이런 측면에서 시장에 기반을 둔 연구개발 전략이 좀 더 강화될 필요가 있다. 기업에게 직접적인 연구개발 자금을 주는 것보다 기업들이 보다 쉬운 환경에서 시스템을 개발할 수 있도록 원천기술 및 인프라 개발에 초점을 맞추어야 한다. 산업의 초기 단계이기 때문에 민간과 정부의 역할과 책임 등 전략적 방향성이 다소 모호한 측면이 있다. 산업계도 전략적인 정책 제시가 어려운 실정이며 따라서 포럼(forum) 형태의 의견수렴 절차가 필요하고, 국가적 어젠다(agenda)를 설정하는 노력이 선결되어야 할 것이다.

우리의 부족한 기술 역량을 확보하기 위해 가장 시급한 과제는 무엇보다도 연구인력의 양성이다. 해외 유수 연구기관과의 강력한 연계를 통해 최고급 연구인력을 확보하는 것도 중요한 전략이 될 수 있다. 다음으로 벤처기업의 활성화를 통해 양성된 연구인력을 수용할 수 있어야 할 것이다. 또한 지능형 로봇산업에 대해 국가적 문화의식 고취를 통해 관심을 유도할 필요도 있다. 이 분야에 대한 우리의 사업화 역량을 확보하기 위해서는 실버 로봇의 초기 수요에 대한 세제 혜택을 주거나 국가복지 차원에서 보조금을 지급할 필요가 있다. 초기 수요자에 대한 위험 분산을 위해 일종의 시범사업을 추진하는 것도 필요하다. 기술적인 측면에서도 센서/액추에이터 등 인프라성 부품에 대해서 상업화를 위한 국가 차원의 지원이 절실히 필요하다. 시장 확보를 위해 국가 차원의 전시회 개최 등을 통한 해외시장과의 연계 노력도 필요하다.

# 6 건강한 미래, 생명공학

차세대 바이오 분야에서는 바이오신약의 시장 및 생산 규모가 가장 크고 바이오장기와 바이오칩은 본격적인 시장 형성에 상당한 기간이 소요될 것으로 전망된다. 따라서 생명공학의 현재와 미래를 바이오신약을 중심으로 살펴보고 본격적인 산업화를 위한 발전 방안도 모색해볼 수 있다.

## 무엇이 기회인가?

### 바이오신약 개발 시장의 비약적 증가 전망

질병을 치료하거나 예방하는 데 사용되는 물질인 의약품은 크게 나누면 합성의약품(Drug)과 바이오의약품(Biopharmaceuticals 혹은 biologics)으로 구분할 수 있다. 합성의약품은 저분자 유기화합물로 주사 제형도 가능하지만 우리가 흔히 접할 수 있는 경구 투여 약품들이 주로 합성의약품이다. 100% 전(全) 합성에 의한 것들도 많지만 그 기원이 식물 유래(알칼로이드 등), 동물 유래(성호르몬, 스테로이드 호르몬) 혹은 미생물 유래의 천연물질도 있다. 또한 그 천연물질들을 유기합성기술로 구조를 변경하여 효력을 더욱더 증진시킨 물질들도 많은 부분을 차지한다. 바이오의약품은 주로 사이토카인(cytokine), 성장인자, 호르몬, 혈액제제, 백신, 치료용 항체, 치료용 천연 고분자, 체외 진단시약, 유전자 치료제, 세포 치료제까지를 포함하는 것으로 볼 수 있다.

2004년 말 기준으로 전 세계 조제의약품(진단시약이나 조제가 필요 없는 일반의약품을 제외)시장은 약 5,500억 달러로 추정되고 있다. 이 중 바이오의약품의 시장은 재조합 단백질 약 360억 달러, 치료용 항체 약 105억 달러, 백신 및 기타 제품들을 합치면 최소 전체 조제약품시장의 약 10%정도를 차지하고 있다. 아직도 합성의약품이 전체 의약품시장의 주류를 이루고 있으나 2003년부터 2004년까지의 증가율을 보면 합성의약품 시장의 증가율은 약 5%로 추정되고 있는데 비해 바이오의약품의 증가율은 17%로 추정된다. 현재 개발 중인 치료용 항체 등의 시장 진입이 증가하고 있어(특히 항암제 및 류마티스 관절염을 포함한 자가면역질환 치료제는 거의 치료용 항체) 향후 바이오의약품의 시장 점유율은 비약적으로 증가할 것으로 예상된다.

여기서 다루어질 신약은 합성신약과 바이오신약을 다 포함하며 과학기술부에서 제시한 바이오텍 분야의 토털 로드맵(Total Roadmap) 상에 나타난 기술 중 약 절반에 해당하는 기술들을 포함한다. 즉 신약 타깃 및 후보물질 도출기술, 유전체(Genomics) 응용기술, 단백질체(Proteomics) 응용기술, 생물 소재 및 공정 기술, 신약 전 임상/임상시험 기술, 임상시험 기술 및 일부분의 유전자요법(Gene Therapy) 기술, 줄기세포 응용기술, 약물 전달 기술 등이 포함된다.

**신약 개발 시장은 영원한 블루오션**

2005년도 전 세계 조제의약품시장은 약 5,670억 달러에 달하며 매년 5~7%의 성장률을 보이고 있다. 신약 개발은 일단 성공하면 적게는 연간 수천만 달러에서 크게는 100억 달러 이상의 매출이 가능하며 특허에 의해 적어도 15년 이상은 독점권을 확보할 수 있기 때문에 경쟁이 없는 소위 블루오션 영역이다. 다국적 제약기업의 순이익이 매출액 대비 약 20% 수준이라는 사실이 이를 뒷받침한다. 글로벌 10대 제품의 대표적인 제품인 화이자(Pfizer)사의 리피토(Lipitor)라는 제품은 단일 품목으로 2005년도에 129억 달러의 매출을 올려 우수한 신약 한 가지의 개발이 얼마나 큰 수익을 창출하는지 알게 해준다.

신약 개발에는 과학기술이 총 집약되어야 하기 때문에 보건의료산업은 고급 인력의 고용창출 효과가 특히 크다. 다국적 제약회사의 경우 연구개발 인력이 보통 10,000명 이상 된다. 또한 국민의 보건 향

**세계 10대 의약품(2005년 기준)**

| 제품 | 제조사 | 매출액(단위:10억 달러, 2005년 기준) | 판매 증가율 |
|---|---|---|---|
| 1 리피토 | 화이자 | $12.9 | 6.4% |
| 2 플라빅스 | 브리스톨마이어 스퀴브 | $5.90 | 16% |
| 3 넥시움 | 아스트라제네카 | $5.70 | 16.70% |
| 4 세레타이드/ 애드베어 | 글락소스미스클 라인 | $5.60 | 19% |
| 5 조코 | 머크 | $5.30 | -10.70% |
| 6 노바스크 | 화이자 | $5.00 | 2.50% |
| 7 자이프렉사 | 릴리 | $4.70 | -6.80% |
| 8 리스페르달 | 얀센-오르소 | $4.00 | 12.60% |
| 9 오가스트로/ 프레바시드 | 애보트/타케다 | $4.00 | 0.90% |
| 10 에펙소 | 와이에스 | $3.80 | 1.20% |

상을 통해 삶의 질을 높일 수 있는 분야이며, 특히 향후 세포 치료 등이 실용화되면 지금까지 난치병 혹은 불치병으로 여겨졌던 많은 질병들을 정복할 수 있는 기회를 제공할 것이다.

신약 개발은 기대 수익이 크기는 하지만 엄청난 비용과 장기간이 소요되고 리스크가 크기 때문에 규모가 크고 자금력이 풍부한 미국,

유럽의 다국적 제약회사에 의해 주로 이루어져 왔다. 2005년도 443억 달러의 매출을 기록한 세계 1위 화이자의 연구개발 예산은 74억 달러로 매출액 대비 17%에 달한다. 미국의 2008년도 정부 연구개발 예산 배분안을 살펴보면 국방 관련 연구개발(약 58%)을 제외한 비국방 연구개발 예산의 약 50%를 보건의료 분야에 집중하고 있다.

### 우리의 역량은 어떠한가?

**기술 역량**

신약 창출 및 개발은 흔히 오케스트라에 비유하며 다양한 핵심기술들이 필요하지만, 가장 중요한 기술은 선도물질 발굴 및 그 선도물질을 최적화하여 경쟁력이 우수한 개발 후보물질을 창출해내고 그것을 평가하는 기술이라 하겠다. 이러한 기술들을 보유하고 있는 주체는 관련 보건의료 산업계 및 대학 연구소 등이다.

이러한 기술들의 국내 역량은 임상시험 능력 정도를 제외하고는 절대적으로 열위에 있다. 신약 개발에 필요한 기술들은 전통적인 기술들이 대부분이고 최근에 발전되어온 유전체, 단백질체 연구 등도 타깃(Target) 발굴을 위한 수단이기 때문에 우리도 최근 기술을 소화할 수 있는 능력은 갖추고 있다고 본다. 그러나 대학이나 연구소의 관련 연구에 대한 저변이 확대되어 있지 않고 인프라가 열악하다. 또한 국내 관련 연구자들의 인적 역량은 어느 정도 갖추어져 있으나 관련 연구자의 숫자나 관련 프로젝트의 숫자가 절대적으로 부족하다. 특히 타깃 발굴이나 신약 창출 등은 수많은 연구과제들을 수행하다 보면 그중에서 극히 일부가 우수한 신약의 원천이 되기 때문에 되도록 많은 대학의 연구자들이 참여하여야 하나 연구 예산의 부족 등으로 실상은 그렇지 못하다.

**사업화 역량**

선진국에 비하여 우리나라의 전반적인 사업화 여건은 비교가 안 될 정도로 열악하다. 국내 관련 기업은 규모가 영세하고 개발 경험이 부족하여 전 세계를 대상으로 사업화할 수 있는 능력을 갖추기가 당분간은 어렵다. 국내 관련 기업의 역량은 당분간은 국내에서 개발 완료하여 국내 식약청의 허가를 얻는 국내 신약 개발을 수행할 수 있는 정도의 수준이다. 세계적인 신약 개발을 위해서는 우수한 개발 후보물질을 창출하여 자금 부담이 크지 않은 해외 임상 1상 혹은 초기 임상 2상까지 완료하고 결과가 좋으면 본격적인 자금이 소요되는 다음 단계부터는 다국적 제약기업과 전략적 제휴를 맺어 개발할 수 있는 정도의 역량을 보유하고 있다.

사업화를 위한 대학-출연연구소-기업의 연계 및 기술이전을 위한 여건은 마련되어 있으나 기술이전 실적이 미비하고 성공한 예가 많지 않다. 이는 대학 및 출연연구소의 연구성과를 기업이 이전받아 연구개발을 수행하기에는 너무 초기 단계이고 초기 단계의 연구성과를 이전받아 장기간 실용화 연구를 거쳐 사업화하기에는 국내 기업의 재력 및 역량이 부족하기 때문이다. 또한 대학 및 연구소의 신약 타깃 발굴 및 신약 창출을 위한 저변이 협소하여 우수한 신약이 창출될 수 있는 성과를 기대하기에는 무리가 있을 정도이다.

국내 관련 중소기업의 경우도 숫자는 많으나 실질적인 핵심기술이나 신약이 될 수 있는 원천을 보유한 회사는 많지 않아 중소기업과 대기업 간의 협력 체제가 잘 갖추어져 있지 않다. 2006년 말 기준으로 국내 22개 제약사가 49개의 바이오 벤처기업에 투자를 하고 있는 것으로 나타나 있으나 국내 제약사의 경우 투자의 주목적은 자본이득을 위한 단순 투자 정도로 분석하고 있다. 최근에는 소기업과 대기업 간의 신약 개발을 위한 공동 연구 사례가 증가하고 있어 향후 공동연구 및 기술이전 사례는 늘어날 것으로 예상하고 있다.

기술의 사업화를 저해하는 요인으로는 법제적 요인이 가장 크다. 의약품은 국민 건강과 밀접한 관계가 있으므로 어느 나라이건 엄격하게 규제하기 때문에 비용 및 시간이 많이 소요된다. 특히 미국 FDA에서 요구하는 모든 규제를 다 만족시킬 수 있는 개발과정을 거치기 위해서는 엄청난 비용과 시간이 필요하게 된다. 또한 신약 개발이 워낙 큰 과제이고 다양한 기술이 종합되어야 하기 때문에 대규모의 인적, 물적 자원을 구비한 대규모의 초우량 기업이 아니고는 추진하기 어렵다는 점이다. 국내 신약의 경우 신약 개발에 소요된 비용을 회수하기 위해서는 개발 완료된 신약의 가격이 좀 높아야 하나, 국내 사정은 개발비를 보상받기에 충분한 약값을 책정받지 못하는 것도 신약 개발 의지를 꺾는 저해 요인으로 볼 수 있다.

## 역량의 차이를 줄이기 위한 방안

정부의 정책에 있어서 민간과 정부의 역할에 관한 전략적 방향성은 분명하지만 대학이나 연구소의 관련 연구의 저변을 획기적으로 확대하고 역량이 부족한 관련 기업들을 지원하기에는 부족하다. 연구개발 예산에 있어서 보건의료 분야는 공공성이 강하고 국민 보건 향상과 밀접한 관련이 있고 또한 관련 기업들의 역량이 절대적으로 부족하기 때문에 정부가 더 적극적으로 연구개발을 주도할 수 있는 방향으로 바뀌어야 할 것이다.

부족한 기술 역량 확보를 위해 가장 시급한 과제는 창의적인 기술 인력의 확보이며, 이 분야의 특성상 다양한 핵심기술이 필요하므로 산학연을 막론하고 다양한 선진 기술과의 글로벌 네트워크 형성 및 강화도 필요하다. 국내의 제반 여건상 전 세계를 대상으로 임상 2상 시험 및 3상 시험과 같은 후기 개발 단계를 자체적으로 수행하기는 역부족이다. 따라서 이 분야의 역량을 향상시키기 위한 노력보다는 비교적 비용과 자원이 덜 소요되는 신약 타깃 발굴, 선도물질 발굴 및 최적화를 통해 우수한 개발 후보물질을 발굴하여 전 임상 및 임상 1상 시험 등과 같은 초기 개발 단계까지의 연구개발 역량을 향상시키는 데 당분간은 집중하여야 할 것이다. 선도물질 발굴 단계나 최적화 단계 혹은 전 임상시험 등에 있어서 병목현상은 약효, 독성, 약동력학적 특성 및 부작용 평가 등과 같은 약물평가 단계에서 주로 일어난다. 우리 힘으로 수행하기 어려운 항목도 있지만 대개는 약물평가를 전문으로 하는 기관이나 회사가 절대적으로 부족하기 때문이다. 따라서 이와 같은 산업기술 인프라 확충 또한 중요하다.

부족한 사업화 역량을 확보하기 위해 가장 시급한 과제는 인수합병나 기타 여러 가지 방법을 통하여 국내 제약기업들을 신약 개발이 가능한 규모로 대형화되도록 유도하여야 한다. 또한 해외 유수 기업과 전략적 제휴를 맺어 독자 개발에 따른 위험을 분산하고 기술이전료 확보는 물론, 실제로 신약 개발 전 과정을 경험해볼 수 있는 기회를 가져야 한다. 이를 위해서는 우수한 개발 후보물질 확보가 필수적이다.

규제 및 법적 제도 면에 있어서는 신약 개발에 대한 동기 부여 및 인센티브를 제공할 수 있는 정책 개발이 필요하다. 예를 들면 신약에 대해서는 유리한 약가 산정방식 적용이라든지 혹은 신약 개발기업에 대한 육성정책 또는 인센티브 제공 등이 필요하다.

# 7

## 소재혁명의 원천, 나노기술

나노(nano)기술은 금속, 세라믹 등 전통 구조재료기술과 접합하여 새로운 소재를 개발할 수 있고, 전자재료와 접합함으로써 전기·자기·광학적 성질을 비약적으로 향상시킬 수 있다. 나노기술이 바이오기술과 융합되면 우리 몸에 거부감이 없는 생체재료를 만들어 의약품이나 인공장기 등의 개발을 획기적으로 변화시킬 수 있다. 이처럼 나노기술은 소재의 혁명을 선도할 수 있기에 최근 전 세계가 이 분야에 주목하고 있다.

## 무엇이 기회인가?

**자연에서 발견되는 첨단 재료**

인류 문명의 발전은 자연에 대한 끊임없는 도전과 극복의 역사이다. 특히 재료의 발전사는 인류 문명 발전의 역사와 흐름을 같이 한다. 그러나 무차별한 개발과 과도한 자원의 낭비로 인류는 새로운 문제에 봉착하게 되었다. 따라서 문명의 지속적인 번영을 가져올 미래의 기술이 가져야 할 기본적인 조건으로서 환경친화성과 에너지절약형의 두 덕목을 꼽을 수 있을 것이다. 가장 환경친화적이며 에너지절약형인 모델 시스템이 바로 자연인 것이다. 자연계는 모든 재료와 에너지를 순환, 재생산하고 있으며 수백억 년 동안 상호보완적으로 발전하여 왔던 것이다.

자연을 관찰하고 이해하여 실생활에 응용하려는 노력은 인류 문명의 역사만큼 오래 되었다. 실제로 인류는 광학현미경을 발명하고 미생물의 마이크로 세계를 탐구하여 질병을 극복하게 되었으며 망원경으로 우주의 탄생과 진화에 대한 해답을 얻고 있다. 최근에는 전자현미경과 원자힘현미경의 발명을 통해 나노의 세계를 관찰할 수 있게 되었고 이를 바탕으로 나노 과학과 기술은 이제 새로운 과학혁명을 이끄는 원동력이 되고 있다.

나노기술을 과학혁명으로 간주하는 이유는 과학의 전 분야에 걸쳐 파급효과가 크며 또한 기존 과학기술의 접근방법과 매우 다른 방식이 요구되기 때문이다. 예를 들면 정보화시대의 근간을 제공하였던 반도체 공정은 단결정에서 출발하여 필요 없는 부분을 깎아나가 궁극적으로 나노 스케일의 집적 소자를 만드는 소위 하향식 제조 공정을 활용하고 있다. 그러나 이러한 방식으로는 나노 소자나 재료를 대량으로 만들어내기가 어렵다. 그 이유는 깎아내는 도구 역시 나노 스케일로 만들어져야 하고 도구를 만들기 위한 도구는 다시 더 작은 나노 스케일로 만들어져야 한다는 어려운 문제를 안고 있기 때문이다.

최근 우리의 미래는 에너지와 환경 문제로 집약되는 위협과 동시에 나노기술의 출현과 같은 기회가 접해 있다. 거미줄이나 조개껍질, 연잎과 같은 자연의 재료들은 통상적으로 약하고 쓸모없는 것으로 여겨졌으나 전자현미경과 같은 새로운 도구를 통해 숨겨져 있던 비밀들을 우리에게 드러내고 있으며 자연과 공존할 수 있는 미래기술의 청사진을 제시하고 있다.

### 생체재료의 신비성

나무는 작은 씨앗으로 출발하여 유전자의 지시에 따라 설계된 모양이나 크기로 자기 스스로 조립하여 성장을 한다. 토양으로부터 물과 양분을 흡수하고 광합성을 통해 태양에너지를 화학에너지로 변환한다. 온도나 습도의 변화와 같은 환경변화에 적응하며 외부의 위협으로 손상을 받게 되면 스스로 치유를 한다. 수명을 다하게 되면 다시 자연으로 돌아가 재활용된다. 만일 나무의 기능을 미래의 재료에 부여할 수 있다면 상온에서 원하는 형상을 가지는 소자나 부품을 최소의 에너지와 원재료를 사용하여 합성할 수 있을 것이다. 또한 이

재료는 외부의 상태에 따라 반응을 하면서 스스로 그 물성을 조절할 수 있는 기능을 가진다. 외부의 위협으로 인해 손상을 입으면 자체적으로 손상을 회복하며 또한 재활용이 가능할 것이다.

생체의 기능을 이해하고 이를 인공적으로 활용하려는 연구는 생체모방학(Biomimetic engineering, Bio-inspired technology)으로 분류되고 있다. 곤충 로봇, 인공지능, 천연 화학물질, 촉매, 첨단 복합재료 등 공학의 전 분야에 응용될 수 있는 넓은 범위를 다루고 있다. 관심의 초점은 동일한 구성 재료나 함량을 사용하는 인공재료에 비해 생체 시스템을 구성하는 재료는 훨씬 우수한 기계적 특성을 가지고 있다는 사실에 맞추어진다. 생체를 구성하는 재료는 상온에서 합성되며 사용 가능한 원소가 제한되어 있고(주로 C, N, Ca, H, O와 Si) 또한 수용액 상태로 합성 공정이 진행된다는 제약이 있다. 그럼에도 불구하고 인공으로 합성된 재료에 비해 10~1000배 이상의 우수한 성질을 가지고 있는 것이다. 따라서 생체 시스템의 재료가 어떻게 합성되고(자기조립 공정 : Self-assembly) 어떠한 미세조직이 만들어지며 (계층적 미세구조 : Hierarchical structure) 또한 외부의 충격이나 하중에 어떻게 반응하는지(다기능성)를 연구하여 그 결과를 인공재료에 응용하여 물성이 크게 향상된 새로운 재료를 만들어내는 것이 생체모방 재료의 목표가 될 것이다.

### 자기조립 공정

모든 생체의 합성은 유전자의 지시에 의해 정확히 원하는 조성과 형상으로 복제되고 있다. 특히 원자 단위에서 출발하여 원하는 분자를 합성하고 이를 다시 배열하여 더 큰 형상의 단위로 합성하는 소위 상향식(Bottom-up) 합성방법을 활용하고 있다. 이것은 인공재료의 합성에 사용되는 하향식 방법과 대조되는 방식이다. 자기조립 공정의 대표적인 예인 규조(Diatom)는 바다나 강물에 사는 단세포생물로서 광합성을 통해 양분을 섭취하고 산소를 만들어낸다. 마이크론 크기의 이 생물의 골격은 실리카($SiO_2$)로 구성되어 있으며 하루에 세 번 복제하여 번식한다. 한 쌍의 규조는 10일 후 $2^{30}$(11억)의 동일 형상의 개체 수로 증식할 수 있으며 마치 '나노공장(Nanofactory)'처럼 나노기공체를 생산해낼 수 있다는 것이다.

생체재료의 합성에 활용되는 이러한 자기조립 공정은 생체 단백질에 의해 가능하며 이것은 다시 유전자의 지시를 통해 만들어지는 것이다. 기존의 재료공학의 관점에서는 매우 생소한 학문적 영역이나 나노과학의 획기적인 발전에 기여할 수 있는 중요한 분야이다.

### 계층적 미세구조

자기조립을 통해 합성된 생체의 미세구조는 인공재료에서는 쉽게 찾아볼 수 없는 다양한 구조를 지니고 있다. 대부분의 생체재료는 조성이나 구조가 독특하게 정렬된 복합재료로 무기물과 유기물이 복잡하게 혼합되어 있다. 특히 나노 크기, 마이크로 크기 그리고 메소(meso) 크기의 서로 다른 구조를 가지는 소위 계층적 구조를 보여준다. 결과적으로 우리는 생체구조를 관찰하는 배율에 따라 다른 결과를 얻을 것이다.

자연계에서 발견되는 생체재료의 우수한 물성도 계층적 미세구조

**전복 내·외부 층의 계면(界面) 부위 사진과 이와 유사한 벽돌 건물의 형태**

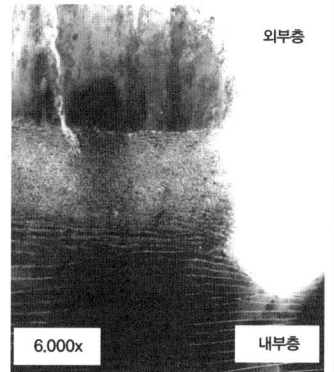 

에 의해 제공된다. 대표적인 예로, 전복껍질은 부피로 비교하면 생체고분자가 약 5% 함유되어 있고 나머지는 탄산칼슘($CaCO_3$)으로 구성된 거의 순수한 세라믹재료라고 볼 수 있다. 탄산칼슘은 석회석의 주성분이며 분필로 사용된다. 강도가 매우 약한 분필에 비해 전복껍질은 트럭이 지나가도 깨어지지 않을 정도로 높은 강도와 인성을 지니고 있다. 특히 전복을 구성하는 내부 층은 자개로 자연에서 발견되는 매우 뛰어난 방탄 소재이며 동시에 영롱한 색채를 띠어 가구의 표면을 장식하고 보호하는 용도로 사용되었던 것이다.

위의 그림은 전복껍질의 외부와 내부 층의 경계를 관찰한 전자현미경 사진이며 이런 형상은 마치 건물의 벽돌을 쌓아놓은 형태와 유사하다. 즉 벽돌이 수직으로 배열된 상부 층과 수평으로 배열된 하부 층으로 나누어 벽을 쌓게 되면 건물에 가해지는 하중이나 충격으로부터 효과적으로 건물을 보호할 수 있다는 것을 보여준다. 인간은 많은 경험을 통해 벽돌을 쌓는 지혜를 얻었으나 이것은 이미 오랜 과거에서부터 자연이 사용하고 있었던 것이다. 하부 층의 적층형 구조도 역시 '벽돌과 진흙' 구조로 알려져 있다. 벽돌의 단단함과 진흙의 연함을 조합하여 높은 강도의 벽을 쌓는 방법을 조개껍질은 이미 매우 정확하게 활용하고 있었던 것이다.

따라서 전복과 같은 조개껍질은 최상의 구조를 가지는 방탄 재료임을 알 수 있으며 자기조립 공정으로 만들어진 복잡한 계층적 미세구조는 원자 수준에서 밀리미터 수준까지 모든 스케일에서 외부의 충격과 손상을 억제하고 보수할 수 있는 능력을 가지고 있다는 것이다. 그 결과 순수한 탄산칼슘에 비해 전복 자개 층은 약 20~30배 높은 강도와 인성을 보유하는 것이다.

**생체재료의 다양한 물성과 미세조직**

초소수성 표면구조 : 연잎의 구조 및 응용 예

연잎의 깨끗함은 잎의 표면구조에 의한 초소수성(superhydrophobic)의 결과이다. 초소수성은 물방울과의 접촉각이 140도 이상일 때 나타나는 현상이며 연잎의 경우 나노돌기를 가지는 표면구조에 의해 얻어진다. 일반적으로 초소수성은 매우 낮은 표면 에너지에 의해 생기며 표면의 화학적 성질로 결정된다. 그러나 연잎의 경우는 나노돌기로 인해 물방울과의 접촉 면적 자체가 크게 줄어들게 되며 초소수성을 가지게 된다. 흘러내리는 물방울은 표면에 앉아 있는 먼지 입자를 흡착하여 굴러떨어지게 되므로 연잎은 스스로 청소를 할 수 있는 것이다. 이 효과를 응용한 페인트는 굳으면서 표면에 나노돌기가 생기도록 만들어 연잎과 같은 구조적 초소수성을 가지고 있으며 빗방울로 표면의 먼지를 스스로 제거하는 자정능력을 가지고 있다. 또한 섬유의 표면에 나노돌기를 부착하는 방법으로 액체를 흘려도 묻지 않고 떨어져버리는 더러워지지 않는 옷이 이미 시판되고 있다.

### 구조의 색 : 오팔, 나비, 공작새 깃털, 곤충의 색

자연에서 흔히 발견되는 색으로 색소에 의존하지 않는 구조의 색이 있다. 이것은 나비의 날개, 곤충의 껍질, 공작새의 깃털, 물고기 비늘 그리고 보석인 오팔 등에서 찾을 수 있다. 희귀한 화학물질인 색소보다는 같은 물질의 두께를 바꾸어줌으로서 간섭, 산란 그리고 회절(回折) 효과를 활용한 다양한 색상을 구현할 수 있는 것이다. 다음 그림은 천년 전 신라시대 귀족의 말안장이나 복장에 장식용으로 부착하였던 비단벌레 껍질을 보여준다. 천년 후 우리는 전자현미경으로 금속성 초록색을 띄는 비단벌레의 껍질구조를 관찰할 수 있게 되었고 그 결과 비단벌레의 화려한 색채는 단백질 층이 일정한 주기로 배열된 적층구조에서 얻어진다는 것을 알 수 있었다.

이러한 구조의 색은 반도체구조를 활용하는 광도파로의 제조, 푸른색을 띄는 발수섬유(모포텍스) 그리고 위폐 방지용 특수 도료의 개발에 활용되고 있다. 이 같은 원리는 적외선이나 자외선 영역에서도 응용이 가능하므로 태양전지의 효율 향상, 적외선 검출 등에 대한 다

**비단벌레와 그 껍질 색깔에 대응되는 단면구조**

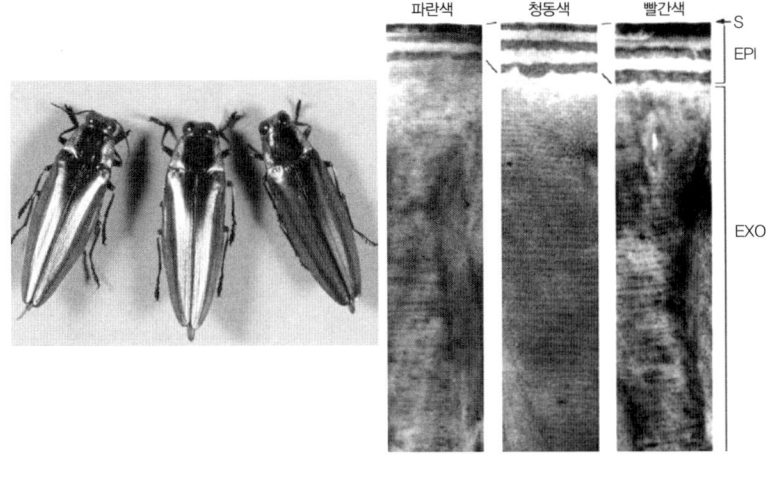

양한 연구가 진행되고 있다.

흡착구조 : 곤충의 흡착구조

곤충이나 도마뱀에게는 유리벽이나 천정에 거꾸로 매달려 걸을 수 있는 능력이 있다. 접착력이 매우 뛰어나다고 쉽게 생각할 수 있으나 발을 떼고 움직이기 위해서는 접착력보다 더 큰 힘이 필요할 것이므로 단순한 접착력의 세기만으로 설명이 될 수 없었다. 최근 전자현미경 분석을 통해 그 능력의 비밀이 밝혀졌다. 비밀은 바로 가장 약한 접착력인 '반데르발스 힘(Van der Waals Forces)'을 사용하는 것이었다. 위 그림의 예와 같이 곤충이나 도마뱀은 자기의 무게에 비례하는

**곤충의 무게와 흡착판의 밀도**

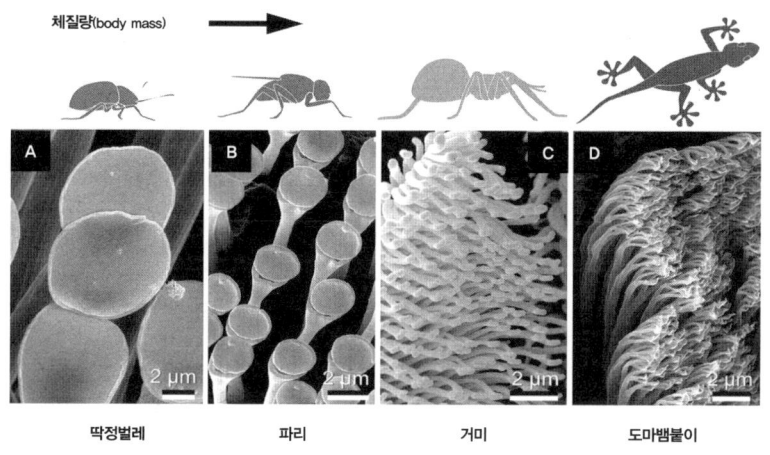

밀도의 흡착판을 가지고 있었다. 흡착판은 주걱 모양으로 생겼는데 한 개의 판은 반데르발스 결합력으로 아주 미소한 중량을 지탱할 수 있으나 밀도가 높아짐에 따라 이에 비례하는 중량을 지탱할 수 있는 것이다. 또한 발을 떼려면 순차적으로 흡착판을 떼어냄으로써 상대적으로 매우 적은 힘으로 발을 움직일 수 있었던 것이다.

이러한 원리를 활용하여 소위 건식 접착구조가 제조되었다. 즉 폴리이미드(polyimide)를 미세 가공하여 만든 접착구조로 마치 파리의 발처럼 폴리이미드 털로 모든 표면에 대한 물리적 접착력을 얻을 수 있다.

위의 예와 달리 물속에서 작동할 수 있는 홍합의 접착 단백질은 이

**상어 지느러미의 미세돌기와 이를 활용한 전신 수영복**

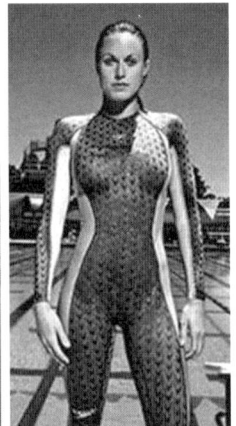

미 인공적으로 합성되었으며 수술용 접착제와 같이 수분이 있는 상태에서 접착력을 가지는 독특한 능력이 있다. 특히 최근에는 홍합의 화학적 접착 능력과 곤충 발의 물리적 접착 능력을 결합시켜 건·습식 조건에서 모두 활용이 가능한 접착구조가 소개되었다.

윤활구조 : 상어의 지느러미

표면의 저항을 줄이는 것은 유체(流體) 내를 이동하는 물체에게는 매우 중요한 기능이다. 빠르게 헤엄치는 상어는 지느러미에 독특한 돌기구조를 가지고 있다. 돌기의 역할을 연구한 결과 돌기 주위에 와류(渦流)가 형성되어 표면의 물의 저항을 줄일 수 있다는 사실을 발견하였다. 이것은 옆 그림의 예와 같이 표면돌기가 있는 전신 수영복의 개발로 이어져 기록 단축을 가능하게 할 수 있었다. 이런 원리는 골프공 표면에 오목한 구조를 만들거나 비행기 날개의 표면에 돌기 구조를 사용하여 기체의 저항을 줄이는 데도 사용되고 있다.

### 우리의 역량은 어떠한가?

인간은 우선 자연현상을 관찰하여 이해하고 그 다음 그것을 따라하게 된다. 최종적으로는 자연을 따라잡아 보다 나은 기술을 완성시키게 된다. 여기서 주목할 것은 기술 발전의 첫 단계가 바로 관찰 및 분석이라는 점이다. 생체재료가 새로운 시각에서 받아들여지고 생체를 모방한 재료를 합성하려는 최근의 노력도 나노 영역의 분석을 가능하게 한 첨단 분석기법의 활용에 기인한다. 전자현미경이나 원자힘현미경을 사용하여 과거에는 보지 못했던 나노 스케일의 구조를 관찰할 수 있었고 모든 생체재료는 나노 스케일에서 합성되며 나노 구조를 가진다는 것을 알게 되었던 것이다. 즉 자연은 이미 나노기술을 다양하게 활용하고 있었으며 현재 우리의 나노기술보다 훨씬 앞서 있다는 사실을 발견하게 되었다. 미래 재료기술로서 생체모방 재료의 중요성은 환경친화적, 에너지절약형 나노기술을 자연으로부터 배우고 모방할 수 있는 기회를 제공하기 때문이다. 여기에는 생물학, 물리학, 화학의 모든 역량이 집중되어야 할 것이며, 생체모방 재료가 소재의 새로운 패러다임으로 뿌리내리기 위한 필요조건은 다학제간 협동연구의 역량을 확보하는 것이다.

물리학을 기반으로 한 소형화 공정의 지속적인 발전, 생체가 갖고 있는 나노구조와 고유한 물성의 관계 그리고 화학을 바탕으로 한 원자나 분자 수준의 합성기술이 모두 하나의 기술로 집약되어 나노기술을 이끌어가고 여기서 새로운 시장이 출현할 것이라는 것을 보여주고 있다. 바로 다학제간 협동연구가 시작되는 시점에 있으며 실제로 소위 융합기술의 중요성이 인식되어 범국가적 차원의 지원이 이루어지고 있다. 선진국에서는 한 걸음 더 나아가 재료공학의 범위와 목표를 새롭게 설정하고 있다. 또한 과거 재료공학의 중요한 구성 요소로서 합성, 물성, 미세구조의 삼각형을 꼽았으나 독일의 아르츠(Artz) 교수가 제안한 구성 분야는 5개의 주요 분야로 구성되며 합성, 이론·전산 모사, 기능성, 구조의 계층성 그리고 진화·환경적 효과로 이루어진다. 앞의 4분야는 거의 모든 재료에 적용되나 마지막 분야는 특히 생체모방형 재료에 적용됨을 알 수 있다.

미래 재료의 모델로서 생체모방 재료기술은 이미 선진국에서 인정을 받고 있으며 집중적으로 투자가 이루어지고 있다. 생물학의 첨단 기법을 동원하여 거미줄의 염색체를 복제하여 염소의 젖으로 대량생산하고 있으며 조개의 단백질을 추출하고 분석하여 아라고나이트(aragonite) 결정상을 쉽게 합성하고 있다. 이제 재료과학의 영역은 생물학의 범위를 초월하여 생명공학이나 유전공학의 영역을 넘나들고 있는 것이다.

이러한 선진국의 추세를 기준으로 보면 국내의 연구 역량은 여전히 세분화되어 있으며 다학제간 연구가 자리잡지 못하고 있다. 또한 기초과학 분야로 취급되는 첨단 분석 분야와 생물학의 수준이 타 분야에 비해 뒤떨어져 있는 실정이다. 생물학과 물리학 그리고 화학을 아우르는 재료과학의 향후 발전 방향도 심각하게 받아들여지지 않고 있다. 따라서 기초과학 분야의 투자를 장기적으로 하며 여러 학문 분야가 균형적으로 발전할 수 있는 기회를 마련하여야 할 것이다. 현재에도 몇 개의 연구소나 학교를 중심으로 생체모방 재료를 연구하고 있으나 비교적 간단한 표면구조 및 물성에 중점을 두고 있다. 진정한 미래 재료의 모델로 생체모방 재료기술이 평가받기 위해서는 자기조립과 계층적 구조를 제어하고 활용할 수 있는 능력을 갖추어야 할 것이다.

**역량의 차이를 줄이기 위한 방안**

생체모방 재료기술을 이해하고 발전시키기 위하여 필요한 조건은 재료공학을 포함하여 생물학, 물리학, 화학, 유전학 등 다양한 분야의 전문 지식을 활용할 수 있어야 한다는 점이다. 생체의 장점을 모방하고 인공적으로 활용하려면 특정한 생체가 생존하는 환경, 생체가 만들어지는 과정, 외부 환경에 대응하는 방식, 생체가 가지는 고유한 물성과 그 물성이 얻어지는 구조적 원리 등 과학 모든 분야의 전문 지식이 요구되기 때문이다. 최근 융합 연구에 대한 관심이 높아지고 있으나 IT, NT, BT와 같이 응용 분야가 넓고 단기간에 결과의 활용이 가능한 분야로 제한되고 있다. 생체모방기술이 정착하려면 기초과학이 주축이 되는 다학제간 연구가 필요한 것이다. 예를 들면 생체모방 재료기술 개발의 첫 단계는 자연에 존재하는 생체구조를 대상으로 하여 원자 크기 수준의 구조를 이해할 수 있어야 한다. 따라서 전자빔, 이온빔, X-선, 중성자빔 등 국가의 거대 장비를 활용한 첨단 복합 분석기법을 적용하여 생체구조에 관한 기초연구가 선행되어야 한다. 이러한 분석 결과를 바탕으로 우리는 생체가 가지는 물성을 이해할 수 있을 것이고 원하는 물성을 극대화하는 방향으로 생체구조를 모방할 수 있게 된다. 첫 단계의 성공 여부는 생물학과 재료공학의 긴밀한 협동연구, 그리고 첨단 분석기기의 활용도가 좌우하게 된다. 생체구조 모방의 두 번째 단계인 합성기술은 국내의 연구역량으로도 충분하다고 볼 수 있다. 즉 거의 모든 재료 분야의 연구가 신물질의 합성에 초점을 맞추어왔기 때문에 새로운 재료의 합성에 관한 역량은 선진국과 큰 차이가 없다. 생체모방 재료기술이 발전하려면 첨단 분석과 기초과학을 구심체로 삼는 다학제간 연구가 우선 활성화되어야 하는데 응용과학이나 공학에 역량을 집중하고 있는 국내의 연구 여건상 자발적인 활성화를 기대하기 어렵다. 따라서 체계적으로 기초연구를 장려하고 특히 다학제간 기초연구를 지원하는 범국가적 정책 변화가 필요할 것이다.

# 8

## 위험 없는 사회를 위한
## 국가 안전기술
## : 방재기술

**무엇이 기회인가?**

**국민의 안전한 삶의 확보를 위한 기술**

 방재기술이란 지속 가능한 국민의 안전한 삶의 확보를 위해 재난 발생 전·후의 재난관리 활동을 효과적·효율적으로 추진하는 데 필요한 기술로 정의될 수 있다. 기술의 대상은 자연재해, 인적 재난, 사회적 재난 등 3가지 유형에 속하는 재해나 피해이고, 분야는 각 재해 및 피해별 재난의 예방·대비·대응 및 복구 활동에서 기술과 관련된 부분들이다. 자연재해의 경우 강풍, 호우, 지진 등의 자연현상이 지형, 지반, 해수에 영향을 주면서 홍수, 사면 붕괴, 지진해일, 지반 진동 등의 현상을 일으키고 이는 인명, 재산, 시설 등에 1차 피해를 주고 이어 사회 및 경제 시스템의 혼란을 야기하는 등 2차 피해를 주게 된다. 결국 자연재해 등 재난 및 재해의 발생은 자연적인 요인 및 사회적인 요인으로 인한 연쇄작용의 결과라는 관점에서, 연쇄작용의 중간에서 원인을 제거하고 감소시키는 기술이 재난 및 안전관리 기술이다.

넓은 의미에서 재난의 개념은 재난 및 안전관리 기본법에서 규정하고 있는 자연재난, 인적 재난, 사회적 재난을 포함하는 통합적인 개념이고, 좁게는 자연재난과 인적 재난만을 포함하는 개념이다.

### 방재기술 분야의 정부 연구개발 최근 급증

2007년 정부의 방재 연구개발 투자 규모는 572억 원으로 이는 전년도 407억 원에 비해 약 41%가 증가한 것이다. 우리나라 전체 연구개발 증가율 13%에 비해 높은 증가율이기는 하지만, 2007년 정부의 전체 연구개발 예산 9조 8천억 원 중 방재 부문이 차지하는 비율은 0.47%에 불과하다. 이 중 우리나라 재난관리의 통합기관인 소방방재청의 2007년 연구개발 규모는 약 135억 원으로 이는 전년도 대비 약 31%(2006년 약 103억 원) 증가한 것이긴 하나, 아직도 정부 부처 중 최하위 수준에 머물고 있다. 따라서 향후 정부의 예산 지원과 민간 부분의 투자가 대폭 늘어나야 할 부문에 속하며 장래 큰 발전이 예상되는 분야이다.

**우리나라의 부처별 재난·안전관리 연구개발 투자 현황(단위 : 억 원)**

| 부처명 | 재난 유형 | 투자 분야 | 투자 규모 |
|---|---|---|---|
| 건교부 | 자연·인적 | 홍수, 철도 및 건물/구조물 관련 연구개발 육성·지원 | 150.7 |
| 과기부 | 공통 | 재난 관련 기초과학 연구 및 우수 연구센터 지원 관련 연구개발 육성·지원 | 122.5 |
| 교육부 | 공통 | 재난 연구 관련 신진 교수 및 연구자 지원 관련 연구개발 육성·지원 | 17.6 |
| 기상청 | 자연 | 지상현상 예측, 감시 관련 연구개발 육성·지원 | 252 |
| 농림부 | 사회 | 조류인플루엔자 관련 연구개발 육성·지원 | 3.5 |
| 복지부 | 사회 | 고위험 병원체 관련 연구개발 육성·지원 | 4.7 |
| 산림청 | 자연 | 산불 예측, 예방, 복구 관련 연구개발 육성·지원 | 28.5 |
| 산자부 | 인적 | 가스 폭발 및 전기 화재·안전 관련 연구개발 육성·지원 | 51.6 |
| 식약청 | 사회 | 식품 및 의약품/독성물질 관련 육성·지원 | 88.1 |
| 정통부 | 사회 | 보안 및 통신 네트워크 관련 연구개발 육성·지원 | 1,041.9 |
| 중기청 | 인적 | 재난 및 안전 관련 부품 및 소재/장비 개발 관련 연구개발 육성·지원 | 25 |
| 해수부 | 자연 | 해일 피해 예측 및 해양 관측 관련 연구 육성·지원 | 56.1 |
| 환경부 | 자연 | 녹조, 수질 오염 관련 연구개발 육성·지원 | 57.1 |
| 소방방재청 | 자연·인적 | 자연 및 인적 재난 등에 대한 예방, 저감 관련 연구개발 육성·지원 | 111.5 |
| | | 합 계 | 2,010.8 |

출처:부처에서 제출한 재난 및 안전 분야 연구개발 투자액

일본은 방재 예산에 21조 원을 투자하고 있으며, 이 중 연구개발 예산은 방재 예산 전체의 1%에 해당하는 2,353억 원에 불과하다. 특히 예방 중심의 재난관리에 많은 예산을 투자하며, 재난 예방 6조 6,039억(30.6%), 국토 보전 11조 9,462억(55.4%) 등에 약 86%를, 재난 복구 분야에는 약 12.9%를 사용하고 있다.

가장 넓은 개념에 근거하여 재난 유형별 투자 비중은 사회적 재난 1,138억(56.6%), 자연재난 303.7억(19.6%), 인적 재난 76.6억(3.8%) 으로 사회적 재난 관련 연구 투자 비중이 매우 크다. 협의의 개념에 의한 분류 시, 자연재난 및 인적 재난 관련 연구비만 포함되어 총 연구비는 872.6억 원으로 투자 금액이 크게 축소된다.

## 우리의 역량은 어떠한가?

재난·안전관리 기술 개발 수준의 분석을 위해서 특허 분석을 일반적으로 활용하고 있으며, 자연재해, 인적 재난, 사회적 재난 등 재난 분야별로 구분하여 살펴볼 수 있다.

### 자연재해

자연재해 분야의 특허는 1997년 2,180건에서 매년 증가 추세를 보여 2001년에는 2,979건까지 증가하였으나 2002년부터는 그 수가 오히려 감소하고 있다. 한국의 출원특허 현황은 1997년 33건에서 2002

**자연재해 분야별 특허 현황(1997~2006년)**

| 구분 | 한국 | 일본 | 미국 | 유럽 | 합계 |
|---|---|---|---|---|---|
| 수환경·수재해 | 1,071 | 2,363 | 441 | 317 | 4,192 |
| 지진·산사태 | 415 | 13,919 | 756 | 579 | 15,669 |
| 기상재해 | 63 | 1,444 | 239 | 137 | 1,883 |
| 해양재해 | 341 | 1,668 | 354 | 112 | 2,475 |
| 설해 | 2 | 257 | 62 | 70 | 391 |
| 합계 | 1,892 | 19,651 | 1,852 | 1,215 | 24,610 |

년 371건이 출원될 때까지 매년 증가하다가 2004년 이후부터는 등락을 거듭하고 있다. 일본의 경우에는 2002년까지 특허 수가 전반적으로 증가하다가 그 이후 하락세를 보이고 있고, 미국의 경우에는 2006년 현황을 제외하면 상승세를 보이고 있다.

자연재해 분야별 특허 현황을 살펴보면, 지진·산사태 분야의 특허 수가 15,669건으로 전체 특허의 63.7%를 차지하고, 그다음으로 수(水)환경·수재해 관련 특허가 4,192건으로 17%를 차지하고 있다. 해양재해 분야는 2,475건의 특허(10.1%), 기상재해는 1,883건(7.7%), 설해는 391건(1.6%)의 비중을 각각 차지하고 있다. 지진·산사태 분야의 특허는 대부분 일본에서 출원된 것으로 일본 특허가 해당 분야의 88.8%를 차지한다. 한국의 경우에는 수환경·수재해 분야의 특허가 1,071건으로 전체 한국 출원특허의 56.6%를 차지하고 있다.

한국의 자연재해 관련 특허는 수환경·수재해 분야 출원특허가 2001년 이후로 급격하게 증가하였으며, 해양재해 분야 특허도 지속적으로 증가하고 있는 추세를 보여준다.

지난 10년간 출원특허의 비중을 살펴보면, 수환경·수해재 분야의 특허가 57%의 비중을 차지하고 있으며 그다음으로 지진·산사태 분야의 특허가 22%, 해양재해 분야가 18%를 각각 차지한다. 자연재해 분야의 연도별 추세를 살펴보면, 수환경·수재해 분야의 특허가 2002년 이후 감소하는 추세를 보이고 있는 것을 비롯하여 지진·산사태 분야의 특허도 2004년 19건으로 크게 감소하였다. 기상·해양 분야의 특허가 전체에서 차지하는 비중은 상대적으로 낮지만 계속해서 증가하고 있는 반면, 설해 분야의 특허는 2005년 2건밖에 출원되지 않았다.

일본의 경우, 지진·산사태 분야의 특허가 매년 감소하고는 있지만 압도적인 비중을 차지하고 있는 가운데 수환경·수재해 분야, 해양재해 분야의 특허가 많은 것으로 나타나고 있다. 미국은 지진·산사태 분야의 특허가 전반적으로 높은 비중을 차지하고 있는 가운데, 수환경·수재해 분야의 특허는 감소세에 있고 해양재해 분야의 특허는 증가 추세를 보이고 있다. 유럽은 지진·산사태 분야의 특허가 계속해서 높은 비중을 차지하고 있는 가운데 수환경·수재해, 기상재해 분야 특허의 비중이 점차 높아지고 있다.

특허출원 후 공개까지의 시간이 소요되기는 하지만 이를 반영하더

**우리나라의 연도별 자연재해 관련 특허 추세**

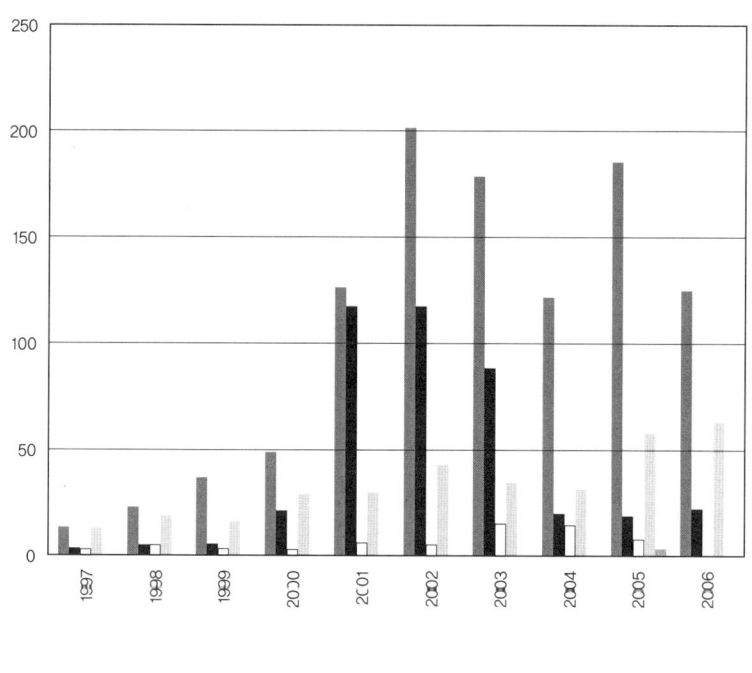

라도 전반적인 자연재해 분야의 특허 수는 감소세에 있다. 각국의 자연재해 분야별 특허는 개별 지역의 특성을 반영하여 피해 규모가 큰 특정 자연재해를 저감하는 특허 비중이 높다. 지정학적 위치와 기후, 지질 등의 특성상 자연재해가 많이 발생하는 일본의 경우에는 타 국가에 비해 자연재해 분야의 특허 수를 많이 보유하고 있다. 특히 태풍, 홍수, 지진 등 다양한 자연재해로 인한 지반 침식이 많아 이를 저감하기 위한 지진·산사태 분야의 특허가 많다. 우리나라의 경우에는 하상계수(河狀係數)가 높고 태풍 및 홍수와 관련한 피해 규모가 크기 때문에 이를 저감할 수 있는 수환경·수재해 분야의 특허 비중이 높다.

우리나라의 경우, 복합 재난을 예방하고 대비하기 위해서 수환경·수재해 분야뿐만 아니라 타 분야의 자연재해 저감기술이 많이 개발되고 특허로 이어져야 한다. 기상 분야의 기술개발과 특허는 풍수해 및 설해 등 다른 자연재해의 발생을 예방하고 대비하는 데 기여할 수 있을 것이며 수환경·수재해, 해양재해 등의 저감기술 개발과 더불어 국토 전반의 지진·산사태를 방지할 수 있는 역량을 비축하는 노력이 이제 시작되는 시기이다.

### 인적 재난

방사선 촬영(Radiography), 적외선/열영상(IR/Thermal), 음파/초음파(Acoustic/Ultrasonic), 광학/시각(Optical/Visual), 전자기(와상전류, Electro-Magnetic, Eddy Current), 밀리미터파/극초단파(Millimeter Wave/Microwave) 관련 기술 등 인적 재난 분야의 기술에 관한 특허출원은 일본이 38%로 가장 큰 비중을 차지하고 있다. 그다음으로 미국이 32%를 차지하고, 한국도 17%를 차지하고 있으며, 유럽은 13%를 차지하고 있다. 제시된 인적 재난 관련 기술에 대해 특허출원 상위 10위에 랭크된 기업들은 1위인 히타치(Hitachi)를 비롯하여 일본 기업이 9개이며, 미국의 GE가 9위에 랭크되어 미국과 일본이 기

**국가·기술별 인적 재난 분포**

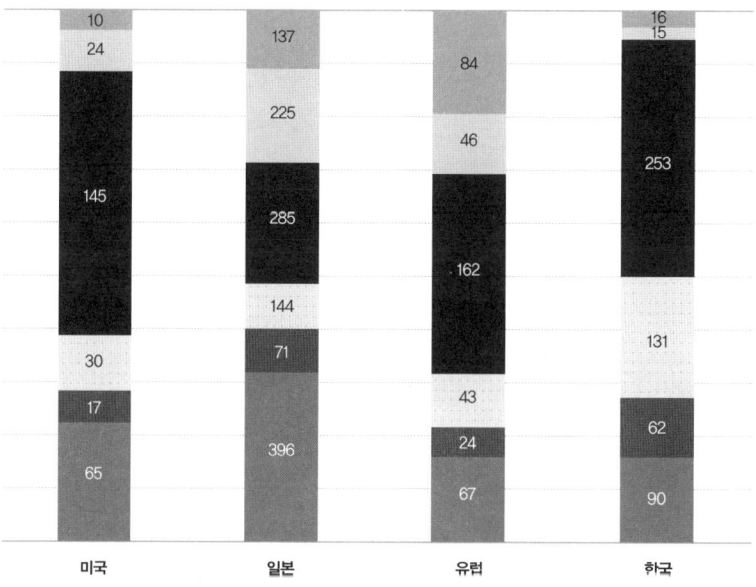

술력을 주도하고 있다.

미국, 유럽, 한국의 경우 광학/시각에 대한 특허를 많이 보유하고 있으며, 다음으로 방사선 촬영에 대한 특허들을 많이 보유하고 있다. 유럽은 밀리미터파/극초단파에 대한 특허를 많이 보유하고 있다.

**기술 수준**

우리나라의 선진국 대비 기술 격차는 자연재난 약 7년, 인적 재난 약 5.4년 사회적 재난 약 3.7년 수준이다. 자연재난 관련 기술이 가장 취약한 것으로 분석되고 있으며, 대부분의 영역에서 각종 기술 수준을 높이려는 노력이 더 필요함을 보여주고 있으며, 이를 위한 전문가 양성, 기술개발이 매우 필요하다.

**역량 차이를 줄이기 위한 방안**

방재기술의 선진화를 위해서는 우선 재난관리를 국민의 안전을 위한 서비스 개념의 종합 기술행정 분야로 설정하고 선진화된 국가 안전관리 혁신의 개념 속에서 재난관리 연구개발을 추진할 수 있는 개념 정립이 필요하다. 또한 재난관리에 있어서 연구개발 분야는 대국민 서비스를 위한 지식 축적 및 피드백(Feed-Back) 체계 구축에 핵심적 역할을 담당하여야 한다.

이 같은 개념을 토대로 소방방재청은 재난관리에 과학기술을 접목하여 과거의 주먹구구식 임시 대응, 사후 복구 위주의 행정 등에서 벗어나 국민에게 높은 수준의 신뢰와 안심을 줄 수 있는 과학방재의 개념으로 연구개발 사업을 추진하여야 할 것이다. 아래 그림에 정리된 바와 같이 과학방재는 예방·대비·대응·복구 등 전 주기적 재난관리에 과학지식과 기술을 접목하여 재난을 예방하거나 재난으로 인

## 재난·안전관리 기술 수준 분석

| 재난 유형 | | 선진국 최고 기술 수준(=100) | | | 선진국 대비 국내 기술 수준 (%) | | | | | 기술 격차 (년) |
|---|---|---|---|---|---|---|---|---|---|---|
| | | 미국 | 일본 | 유럽 | 0~20 | 20~40 | 40~60 | 60~80 | 80~100 | |
| 자연 재난[1] | 태풍 | 90 | 100 | 90 | | ○ | | | | 7 |
| | 홍수 | 100 | 95 | 90 | | ○ | | | | 9 |
| | 지진 | 100 | 95 | 90 | | | ○ | | | 5 |
| | 가뭄 | 100 | 90 | 95 | | ○ | | | | 9 |
| | 황사 | 95 | 100 | 95 | | | | ○ | | 5 |
| 인적 재난[2] | 산불 | 100 | 95 | 90 | | | ○ | | | 4 |
| | 화재 | 90 | 100 | 90 | | | ○ | | | 5 |
| | 폭발 | 90 | 78 | 83 | | | ○ | | | 8 |
| | 붕괴 | 100 | 92 | 91 | | | ○ | | | 5 |
| | 화생방 | 100 | 95 | 95 | | | ○ | | | 5 |
| 사회적 재난[3] | 전염병 | 100 | 95 | 95 | | | | ○ | | 3 |
| | 테러 | 100 | 90 | 95 | | | ○ | | | 5 |
| | 국가 체계 마비 | 100 | 95 | 95 | | | | ○ | | 3 |

1) 〈자연재해 R&D 사업 신규과제 도출을 위한 기획 연구〉, 한국지질자원연구원, 2005. 12.
2) 〈인적 재난 안전관리 기술개발 사업 중·장기 발전계획 수립을 위한 기획 연구〉, 한국표준과학연구원, 2006, 10~14쪽.
3) 사회적 재난 연구 팀, 자체 분석, 2007. 3.

**과학방재의 개념도**

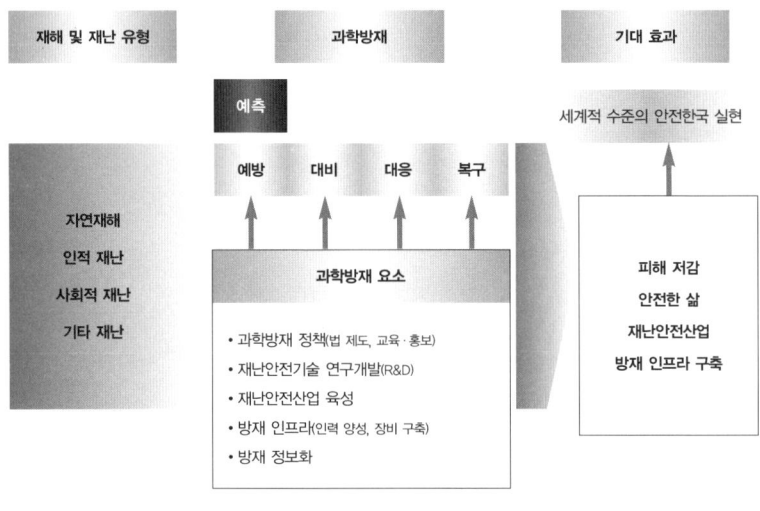

한 피해를 저감하는 방재 시스템을 의미한다.

현재 우리는 세계적인 수준의 IT기술 인프라를 가지고 있으며, 풍부한 IT기술을 바탕으로 재난의 과학적 관리를 위한 U-safe Korea 시스템 구축 여건이 성숙하여 있다. 과학방재 실현의 방안으로 국내의 IT기술 인프라를 활용하여 국가적 차원에서 표준화·통일화된 국가 U-safe Korea의 개념을 정립, 추진해 나아가야 한다. 즉 재난의 예측·예방·대응·복구 등 전 주기적 재난관리에 IT 기반 유비쿼터스기술을 적용하여 물리적 국토 공간과 사이버 국토 공간을 연계하여 입체적이고 과학적인 재난관리 시스템을 구축하는 것이다. 이를 위해 유무선 통합 네트워크가 구축되고 실시간 재난관리가 가능한 유비쿼터스 환경에서 국토방재 전략의 구체화 및 재난에 대한 실시간 대응이 가능해야 할 것이다.

U-safe Korea 시스템 구축을 통해 안전관리 실시간 모니터링, 재난 상황 식별 및 상황 전파를 통한 예방방재와 통합방재를 실현할 수 있다. 또한 재난 이력관리 및 과학적 대응, 재난 정보 통합 관리 및 공동 활용을 통한 통합방재와 과학방재의 실현이 가능하다. 과학방재 연구개발 기반 확충, 사이버 교육 및 훈련·평가를 통한 과학방재와 자율방재의 실현이 가능하고, 법 제도 정비, 정보화 역량 강화, 자율 참여형 안전관리 환경 조성을 통한 예방방재와 자율방재가 실현될 수 있다. 아래 표는 이를 실현하기 위한 기술개발 정책 추진 방향을 제시하고 있다.

선진국과의 역량 격차를 줄이기 위한 방안은 우선 국가 재난·안전 기술 개발 육성 추진 체계 구축이 필요하다. 이를 위해 범부처 차원의 종합계획 수립을 통한 부처간의 통합 조정 능력이 강화되고, 재난 및 안전 분야의 연구개발 예산 확대 유도 및 효율성 제고가 필요하다.

다음으로 재난관리 전략기술 중점 개발이 필요하다. 재난의 대응 단계별 전략기술 도출 및 중점 개발이 필요하며, 취약 기술 분야 발굴 및 중점 전략기술에 대한 집중 지원이 이루어져야 한다. 또한 재난·안전 기술 선진화를 위한 인프라 구축이 필요하며, 과학방재 기반 구축을 위한 연구개발 구성 요소도 확보되어야 할 것이다. 즉 전문인력 양성, 연구 장비·시설 구축, 정보의 보급·확산, 국제 협력 등이 활성화되어야 한다.

**재난 및 안전기술 개발 추진 정책 방향**

| | |
|---|---|
| IT기술을 접목한 복합화(Fusion) 연구 강화 | 미래의 재난은 자연재난 인적 재난 등이 복합적으로 발생함에 따라 이에 대한 대응도 IT와 관련 기술을 접목한 복합화 연구 강화 |
| 방재 현장에 활용될 수 있는 실용화 연구 | 재난의 현장에 활용되어 생명과 재산의 피해를 줄일 수 있는 실용적 연구개발 추진<br>-방재산업체의 기술 지원 및 실용화 연구 수행 |
| 방재기술 개발과 정책과의 연계 강화 | 방재청의 정책 및 국민의 수요에 적합한 방재기술의 개발을 통해 맞춤형 연구개발 추진<br>-범부처 방재기술 개발 조정 연계기능 강화 및 재난안전 수요 파악을 통한 연구개발 |

끝으로 재난·안전 산업 경쟁력 강화 및 제도적 지원 체계가 마련되어야 한다. 이를 위해 재난 및 안전산업 분야 중소기업체의 자생력과 기술력 확보를 위한 지원 시책이 추진되어야 할 것이며, 법 제도적 지원 체계 마련을 통해 재난 및 안전산업 육성 시책이 마련되어야 한다.

# 9

## 꿈의 프론티어, 항공우주
## : 무인기기술

　우리나라의 항공우주기술은 선진국에 비하면 아주 초보적인 단계이나 부분적으로는 성장 단계를 앞두고 있는 분야들도 있다. 항공기 부품 생산은 최근 생산이 크게 늘어나고 있고, 향후 15년간 두 자리 수의 성장이 가능할 것으로 예상된다. 훈련기는 일부 수출이 가시화되고 있고, 군용 헬기도 조만간에 수입 대체가 가능하고 2010년대 후반에는 수출도 가능할 것으로 예상된다. 또한 무인 항공기 관련 기술도 최근 눈에 띄게 발전되고 있어 이 분야에 대한 관심이 높아지고 있다.

### 무엇이 기회인가?

#### 다양한 형태로 '삶의 질'을 향상시키는 무인화 기술

무인기(無人機)는 조종사가 비행체에 직접 탑승치 않고 운용하는 비행체를 의미하는데, 운용에 있어 인간의 통제 필요성을 줄이는 척도인 자율화 정도에 따라 그 효용성이 커지게 된다. 무인화, 즉 자율화 기술의 근간인 전자, 정보 및 통신 분야의 획기적인 발전으로 인하여 고위험 지역, 열악한 환경 조건에서의 임무 및 반복적인 임무 수행을 무인기가 대체할 수 있게 되었다. 무인화 구현 기술은 가깝게는 현재 우리 군이 가지고 있는 인력 부족 문제를 해결하는 데 우선 적용이 가능하며, 궁극적으로는 위험하고, 지루한 업무에서 인간을 해방시켜, 미래 사회에 있어서 인명 보호 등 '인간 삶의 질 향상'이라는 가장 기본적인 문제를 해결하는 데 기여할 수 있다. 무인화 기술은 인간 생리에 따른 실수의 배제 등 인간 사회에 있어서의 편의성·안전성 증대 등에도 기반이 되므로 그 가치가 지속적으로 확장될 것이다. 무인기 개발 기술은 많은 핵심 요소기술들을 종합하여 하나의 시스템으로 만드는 것으로써 그 기능이 구체화되고 더 많은 분야에서 응용이 가능해질 수 있다.

#### 무인기는 미국과 이스라엘이 기술적으로 선도

최근 국지전에서 무인기의 효용성이 확인된 이후 선진국들은 정부

**무인기기술 발전 방향**

차원에서 민수보다는 군수 측면에서 무인기 개발을 적극적으로 독려 및 지원하고 있다. 이제 무인기 관련 기술은 단순한 유도제어 수준을 뛰어넘어 충돌 회피, 자동경로 설정, 편대 비행 등 무인기의 자율화 수준을 지속적으로 향상시키려는 노력이 미국의 무인 전투기(UCAV) 기술 개발을 중심으로 지속되고 있다. 특히 미국과 이스라엘의 경우는 적의 위협으로부터 안전한 고고도 정찰용 무인기, 무인 전투기 개발 및 기존 무인기의 무장화 등과 같은 체계 개발 뿐만 아니라 자율화, 통신 등의 핵심기술 연구에도 많은 연구자원을 투입하고 있다. 유인기와는 달리 무인기는 비행체 자체 기술보다는 전자, 통신 등을 기반으로 하는 핵심기술의 의존도가 상대적으로 높다. 따라서 이스라엘은 다른 선진국에 비해 비행체기술은 부족하여도 정부 차원에서 무인기 관련 핵심기술 개발에 대한 지속적인 지원으로 이 분야 기술 우위성을 확보해왔다.

정밀 유도 무기와 정찰정보 체계가 주축이 되는 네트워크 중심의 미래 전장에서 무인기는 가장 핵심적인 역할을 할 것으로 예상된다. 그러나 선진국에서는 무인화 기술의 원거리 정밀 공격무기 체계 적용을 사유로 MTCR(Missile Technology Control Regime)과 같은 국제조약을 통하여 무인기 관련 기술 및 주요 부품의 해외 유출을 엄격히 통제하고 있다. 따라서 첨단 무인무기 체계의 선진국 종속성 탈피를 위해서 국가적 차원에서 무인기 관련 기술을 확보하여야 한다. 또한 미래 사회는 고령화에 따라 생활의 자동화, 즉 지능화된 생활환경 구축을 추구할 것이며, 무인기 관련 기술은 이러한 자동화의 기반기술로 국가 차원에서 확보하고 발전시켜야 할 분야이다.

## 우리의 역량은 어떠한가?

### 기술 역량

무인기기술은 크게 다섯 부문으로 구분할 수 있고, 우리의 무인기 개발 주요 기술 역량은 선진국의 50~70% 수준에 불과하다.

국내 무인기 개발 또는 과제화 현황은 다음과 같이 요약될 수 있다.

- 군단급 정찰용 무인기(국방과학연구소/KAI) : 개발 종료
- 중고도 무인기(국방과학연구소)

**우리나라의 무인기 관련 기술 수준**

| 기술 부문 | 기술 내용 | 선진국 대비 국내 수준 |
|---|---|---|
| 무인 비행체 체계 통합기술 | 군의 요구 성능을 분석하여 제시된 요구도를 만족하는 체계를 설계하는 기술로 체계 설계와 각 부체계 간을 통합하는 체계 통합으로 구성 | 70% |
| 비행체 설계기술 | 체계의 요구 성능을 분석하여 제시된 요구도를 만족하는 비행체를 설계와 하부 체계 간을 통합하는 기술 | 70% |
| 임무 장비 (EO/IR, SAR, 전자전, 중계) | 임무 장비 개발 및 무인기 체계 설계에 필요한 임무 장비 규격, 제원 제공 및 비행체와의 기계적 장착성, 전기적 인터페이스 등 관련 기술 | 60% |
| 임무 계획 통제 | 복수 무인 항공기 비행 계획/통제, SAR 수신 영상 처리 및 표적 식별, C4I 체계와의 연동 등 상호 운용성, 장시간 운용과 생존성을 보장하는 다중화/고장 감내, 임무 장비와 지상 체계 간 시간 및 데이터 동기, 상황 인식 관련 가상현실 등의 기술 | 60% |
| 데이터 링크 | 고속 대용량 영상 데이디 통신, 장거리 광역 통신, 위성통신과 가시선 통신 기능의 통신 네트워크, 비익성과 ECM 방호, 조종 명령 통신 두절 방지 대책, 접속 표준화, 운용 공용성 등을 수행하는 일련의 기술 | 50% |

- 초소형 비행체 형상 설계 및 비행 조종기술(국방과학연구소, 산연 주관 과제)
- 스마트 무인기 기술개발 사업(KARI, 지식경제부 과제)
- 근접 감시용 무인기(KAL, 지식경제부 과제)

무인기는 1990년대에 본격 개발되기 시작하였으며, 이 시기에 무인기 체계 개발에 착수한 나라는 미국, 이스라엘, 한국 등 극소수의 국가들이어서 한국도 무인기기술을 선도하는 국가가 될 수도 있었으나, 연속된 후속 사업의 부재로 체계적인 기술 발전을 이룰 수 없었다. 그러나 최근 군용 훈련기 개발 및 해외 수출 등으로 인하여 국내 항공우주산업의 위상이 급격히 높아지면서 항공기술에 있어 선진국과 격차가 계속 좁혀지고 있는 추세이다. 선진국 대비 기술 수준이 가장 낮은 것으로 판단되는 데이터 링크 분야는 군단급 무인기 개발 경험으로 일부 기술을 확보하고 있으며, 한국형 합동 데이터 링크 Link-K(Link-16급)의 개발을 통해 관련 기반기술의 일부 확보가 가능하다.

### 사업화의 역량

무인기의 전술·전략적 중요성이 증가함에 따라 현재 군에서 소요가 확대되는 추세이며, 특히 육군은 미래 군 구조 개편에 맞춰 제대별 무인기 확보 계획을 추진하고 있어, 사업화 여건이 개선되고 있다. 최근 산학연 주관 과제의 확대로 대학-출연연-기업의 독창적인 기술을 군사기술로 적극 활용하기 위한 여건이 조성되고 있다. 이 같은 여건 개선을 활용하여 업체, 대학 및 연구소 등이 보다 유기적인 공동연구 관계를 맺고, 협력을 확대하는 노력이 필요하다. 대학은 요소 원천기술을 확보하기 위한 연구 역량뿐 아니라 연구소, 기업으로 이어지는 연구인력 양성을 위한 능력도 갖추어야 할 것이다.

무인기 관련 핵심기술은 선진국에서 기술 및 장비 수출을 엄격하게 통제하고 있어 이러한 문제를 해결하기 위해 우방국과의 전략적 긴밀성을 유지하면서 점진적으로 기술 협력의 가능성을 확대하는 정책이 요구된다.

무인기 개발 기술은 비행체뿐만 아니라 다양한 임무 장비 및 각종 통신 장비가 탑재되는 복합 체계로 다양한 분야의 기술을 국내 연구기관 및 업체에서 확보하여 기술 자립을 이룰 수 있는 분야이기도 하다. 따라서 선진국의 성능이 입증된 기술 체계를 직도입하는 것보다는 다소 미흡하더라도 국내 개발을 통해 개발 능력을 우선 확보하고 지속적으로 성능을 개선함으로써 군 전력 확보 및 기관·산업체의 기술 수준을 배양하는, 장기적인 획득 정책에 대한 인식을 공유할 필요가 있다.

우리나라의 경우 비행체 개발에 필수적인 항법 장비, 추진 분야 등의 관련 요소기술과 복수 무인기 동시 통제 및 고속 대용량 데이터 링크 기술은 선진국에 비해 크게 뒤떨어져 있다. 그러나, KT-1, KO-1, 정찰용 군단급 무인기 등의 성공적인 국내 개발을 통하여 일부 무인기 관련 기술은 선진국 수준에 근접한 분야도 있다. 세계적으로 소수의 나라만이 개발하여 운용 중인 전술급 정찰용 무인기의 개발 및 운용 경험과 세계적 수준인 국내 전자, 정보통신, 소프트웨어 등의 기반기술을 바탕으로 하여 무인화 관련 핵심기술을 지속적으로 개발하면 향후 차별적 우위성을 확보할 수 있다고 판단된다.

## 역량 차이를 줄이기 위한 방안

정부에서는 이미 항공우주산업을 중요한 성장동력산업으로 인식하여 국가기술 지도(NTRM)와 산업기술 로드맵상의 10대 기술에 포함시키고 있다. 특히 무인 항공기 분야는 내수는 물론 세계시장에도 조기 진입이 가능한 제품으로 수출 및 수입 대체 가능성이 매우 높은 기술이라 할 수 있다. 아울러 무인기 개발 및 운용 과정에서 구현되는 GPS(위성 위치 확인 시스템), 디지털 영상 및 초고속 통신, 항법 유도제어 등의 기술은 항공우주 분야 뿐만 아니라 전기전자 분야, 무인 지상 및 무인 수중 시스템 분야 등으로의 높은 기술 파급효과까지도 기대할 수 있어 과감한 정책적 지원이 필요하다.

우리가 기술경쟁 우위를 점하고 있는 항법 전자기술, 정밀 영상기술, 고속 디지털 통신기술 등의 IT기술과 항공기 복합체계 기술의 시너지 효과에 의해 기술 투자의 효용성을 극대화하기 위해서는 정부 차원에서 무인 항공기 시스템 개발에 적극적인 투자가 필요하다. 항공기 개발에는 대형 투자와 첨단 복합기술이 요구되므로 국가 주도의 중·장기적인 무인 항공기 개발 마스터플랜을 토대로 산·학·연·군의 긴밀한 협조와 과감한 기술 및 정보 교류, 전폭적인 연구개발비의 지원, 그리고 법 제도적인 뒷받침이 필요하다.

항공기술의 성격상 경제적 효과보다는 기술의 대외 의존성 탈피 및 국가 방위, 국민의 자존심 고취 등의 관점에서 계획적이고 꾸준한 지원이 필요하며, 특히 경제성이 높은 여타 기술 분야와 동일한 잣대를 가지고 무인 항공기를 포함한 항공 분야 기술 개발에 접근하는 방

## 무인기 관련 기술개발 로드맵

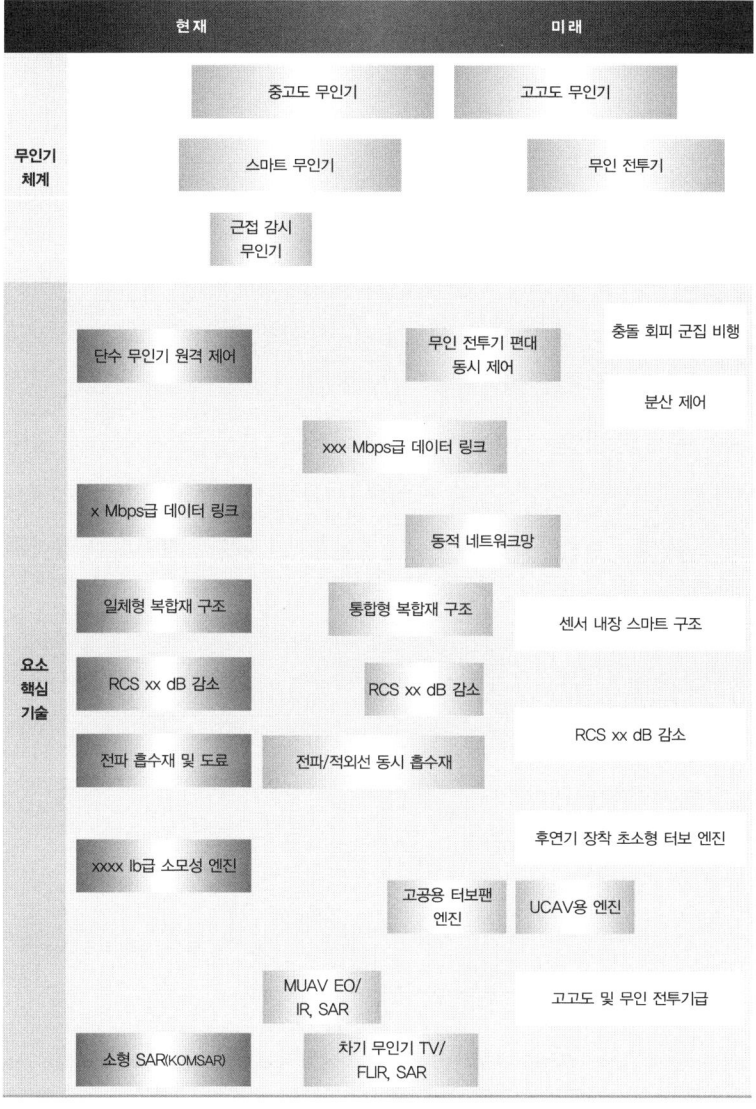

식은 적절하지 못하다.

민수용과 군용 무인 항공기 개발은 상호 보완적인 방향으로 추진되는 것이 필요하다. 민수용도 개발 초기부터 군수용으로의 활용 가능성을 고려하고, 군용으로 개발되는 무인 항공기도 민수용으로 전환이 가능하도록 개발 초기 단계부터 산·학·연·군·관의 긴밀한 협조가 필요하다. 무인기기술의 선진국이 되기 위해서는 최고의 관련 전문인력이 필요하다는 인식하에 지속적인 교육 강화도 요구된다.

이미 계획되어 있는 군용 무인 항공기 소요는 정책적으로 국내 개발을 추진하여, 부족한 기술은 국내 연구개발뿐만 아니라 해외 전문가 자문, 국제 협력 개발 등과 같은 여러 방법을 강구하여 확보토록 추진해야 할 것이다. 중고도 무인기와 같은 첨단 무인 항공기를 국내 개발하게 되면 향후 소요가 예상되는 다양한 무인 항공기를 개발할 수 있는 기술기반을 확보할 수 있기 때문에, 정부의 정책적인 결심과 의지가 필요한 것으로 판단된다.

# 10

# 저탄소 사회를 여는 신재생 에너지

## 무엇이 기회인가?

**지속 가능한 사회 건설을 위한 대안, 신재생 에너지**

신재생 에너지는 태양열, 태양광(태양전지), 풍력, 바이오에너지, 수력, 연료전지, 수소에너지, 지열, 해양에너지, 폐기물 에너지, 석탄 가스화 에너지 등 다양한 분야로 구성되어 있다. 1973년 석유파동을 계기로 태동된 신재생 에너지 기술은 1979년의 2차 석유파동 이후 기술 개발이 가속화되어 석유를 포함한 화석연료의 고갈 위기, 화석연료의 과다 사용에 따른 온실효과와 이에 따른 범지구적 환경문제를 비롯한 위기에 대응하고 인류의 지속적 발전의 대안으로 추진되어 왔다. 신생 에너지 기술은 에너지 효율성의 증대와 비화석 친환경 에너지의 확대 공급을 통하여, 온실가스인 이산화탄소를 발생원에서부터 억제하고, 결과적으로 미래에 환경친화형 지속 가능한 사회 건설을 담보하는 것이 궁극적인 목적이다.

**신성장동력 및 에너지 안보를 위한 범세계적 투자 증대**

미국은 신재생 에너지 기술에 있어서도 대부분의 분야에서 첨단의 기술력을 확보하고 있으며 특히 바이오에너지, 수소·연료전지, 태양에너지, 풍력, 청정 석탄 분야의 기술개발을 강화하고 있다. 보급 정책에 있어서는 신재생 에너지 보급 할당제가 각 주별로 확산되며 풍력·태양광발전 등의 보급이 확산되고 있으며 바이오에탄올에는 조세 감면 연장을 실시하는 등 급속히 공급이 늘어나고 있다.

일본은 신재생 에너지 기술 중에서 태양광발전(태양전지)과 자동차용 및 가정·상업용 연료전지 분야에서 강점을 보이고 있다. 신재생 에너지의 보급도 태양광, 풍력, 연료전지에 집중되고 있으나 최근에는 바이오에탄올을 비롯한 바이오연료의 보급도 추진되고 있다.

EU는 기후변화 협약 대비와 탈(脫)석유시대의 지속적 발전을 위하여 역내 전체의 보급 목표를 설정하고, 각국에서 비교 우위 분야를 중심으로 신재생 에너지 개발이 적극 추진되고 있다. 2010년까지 신재생 에너지를 총에너지 소비의 12%, 총발전량의 22%까지 높이고, 수송용 연료의 경우 2010년까지 바이오디젤, 바이오에탄올 및 재생

**주요 국가의 신재생 에너지 비교 우위 및 중점 투자 분야**

| 국가 | 비교 우위 분야 |
|---|---|
| 미국 | 발전용 연료전지, 수소 생산기술, 바이오에탄올 생산기술, 청정 석탄 이용기술 |
| 일본 | 태양광발전 분야, 건물용 및 수송용 연료전지, 수소 스테이션 기술 |
| 독일 | 태양광발전 분야, 풍력발전기 제조 및 보급, 바이오디젤 및 바이오가스, 수소·연료전지 제조기술 |
| 프랑스 | 바이오 연료(ETBE, 바이오디젤) 및 바이오매스 연료화 기술, 해양에너지(조력발전) 기술 |
| 영국 | 해양에너지(파력발전, 해류발전) 기술 |
| 덴마크 | 풍력발전기 제조 및 보급, 바이오가스(유기성 폐기물 혐기소화) |
| 스페인 | 태양광발전 분야, 풍력발전기 제조 및 보급 |
| 아이슬란드 | 지열 에너지(지역난방, 지열발전), 수소에너지 생산(지열 이용) |
| 브라질 | 바이오에탄올 |
| 중국 | 태양열 기기, 풍력발전기, 태양전지, 바이오에탄올, 바이오디젤 |

가솔린으로 상당 부분 충당할 계획이다.

개발도상국에서도 신재생 에너지는 지속적인 경제개발을 위하여 필수적인 기술로 인식되고 있다. 브라질은 1970년대부터 자국의 사탕수수 자원을 이용하여 바이오에탄올을 개발, 사용하기 시작하여 지금은 미국 등에 에탄올을 연료 및 공업용으로 수출하며 미래의 사우디아라비아로 자처하고 있다. 중국은 태양열 기기, 풍력발전기, 태양전지 등을 국산화하여 산업화하고 있으며 바이오에탄올과 바이오디젤의 소비도 급격히 늘어나고 있다.

## 우리의 역량은 어떠한가?

**기술 역량**

선진국의 문턱에 있는 우리나라는 지속적 성장과 발전의 필요성이 있으며 당분간은 에너지 소비도 늘어날 전망이나, 우리의 1차 에너지 공급은 97% 이상을 해외에 의존하고 있다. 고유가와 기후변화협약으로 세계의 신재생 에너지 공급은 빠르게(연 30% 이상) 늘어나고 있어 우리도 신재생 에너지 자원을 개발하여 에너지원 해외 의존도를 낮추고 동시에 성장동력의 하나로 발전시켜나갈 필요가 있다.

신재생 에너지 분야는 현재 원천기술 개발의 측면과 경쟁력 확보의 측면에서 태양광·태양전지 기술 분야, 풍력발전 기술 분야, 수소·연료전지 기술 분야, 바이오에너지 기술 분야 등이 가장 중요시되고 있다. 우리나라가 해당 분야에서 차별적 우위성을 확보할 가능성이 높은 분야 및 그 근거를 다음과 같이 정리할 수 있다.

태양광·태양전지 분야 요소기술 스펙트럼 가운데는 태양전지 가공(웨이퍼 혹은 박막) 제조기술을 가장 핵심기술로 보고 있다. 풍력발전 분야 요소기술 가운데는 풍력발전 시스템 설계, 제작(조립) 기술의 확보가 가장 중요하다. 연료전지 분야에서는 연료전지 스택(PEMFC, SOFC, DMFC) 제작 및 운전 기술의 확보가 중요하다. 바이

**신재생 에너지 분야에서 우위성이 있는 분야 및 근거**

| 기술·산업적 우위성 분야 | 우위성 측면의 근거 |
|---|---|
| 태양광발전<br>(태양전지) | 반도체, 디스플레이 등 실리콘을 원료로 하고 박막기술을 활용하는 대규모 장치산업 기반의 확보 |
| 풍력발전<br>(풍력발전기) | 철강 구조물, 기계 장치 및 발전 설비를 주요 구성요소로 하는 대규모 풍차 시스템 제조 기반과 토목 시공기술 |
| 수소·연료전지<br>(차량용, 건물용, 발전용) | 선진국과 대등한 기술개발의 역사와 차량, 가전제품, 보일러, 부품 및 발전 설비 등 연관 산업의 발달 |
| 바이오에너지<br>(바이오가스, 바이오연료 플랜트) | 경쟁력 있는 바이오기술 및 바이오 엔지니어링 기술과 플랜트 엔지니어링 기술 |

오에너지 분야에서는 바이오매스 전환공정 기술이 가장 핵심기술이다. 2008년 현재 신재생 에너지 분야의 국내 전체 특허의 55%는 연료전지 분야이며, 이 연료전지 분야 중 80% 이상이 수송용과 건물용(가정·상업용)에 응용되는 고분자전해질 연료전지(PEMFC) 분야이다.

아래의 표에 제시된 4개의 분야는 세계적 수준의 기술을 따라잡을 수 있는 가능성이 있다. 현재 우리나라에서도 산업화가 시작되고 있는 기술 항목(결정형 실리콘 태양전지, 대형 풍력발전기, PEMFC, 바이오디젤, 바이오가스)에서는 인적 역량(개발 및 산업인력), 물적 역량(제조 설비, 산업기반 등)과 이를 조합한 기술 생태계가 적정 수준으로 형성

**우리나라 신재생 에너지 주요 분야 기술 역량**

| 핵심기술명 | 세부기술명 | 기술 보유(국내) | 최선진기술 보유국 | 기술 역량*<br>(국내 2007) |
|---|---|---|---|---|
| 태양전지 제조 | 결정형 실리콘 | 대기업 | 일본 | 80 |
| | 박막 태양전지 | 연구소 | 일본 | 50 |
| | 염료 감응형 등 | 연구소 | 스위스 | 70 |
| 풍력발전 시스템 | 소형 풍력발전기 | 중소기업 | - | 90 |
| | 대형 풍력발전기 | 대기업 | 덴마크 | 70 |
| | 해상 풍력발전기 | 연구소 | 덴마크 | 50 |
| 연료전지 시스템 | PEMFC(차량) | 연구소 | 미국 | 80 |
| | PEMFC(건물용) | 대·중소기업 | 일본 | 90 |
| | SOFC(발전) | - | 미국 | 50 |
| | DMFC(이동 전원) | 연구소 | - | 70 |
| 바이오연료 공정 | 바이오디젤 | 중소기업 | 독일 | 90 |
| | 바이오에탄올 | 중소기업 | 미국 | 60 |
| | 바이오가스 | 대기업 | 독일 | 90 |

* 한국에너지기술연구원 관련 전문가 자체 판단

되고 있다. 그러나 각 부문에서 미래의 경쟁력을 결정하는 세부기술 항목(아직 산업화되지 못한 여타 기술 항목)에서는 인적, 물적 역량이 아직은 미흡한 수준이다.

**사업화 역량**

신재생 에너지 기술의 사업화를 위해서는 인적 및 물적 역량과 기술 생태계의 형성도 중요하지만 초기 시장의 창출과 경제적 타당성이 있어야 한다. 최근의 고유가와 기후변화협약에 따른 배출권 거래, 정부의 발전차액 보전(feed-in-tariff), 공기업의 자발적 참여 등으로 초기 시장 창출은 물론이고 경제성도 상당히 개선되고 있지만 아직도 사업화에 어려움이 많다.

사업화 측면에서 우리의 약점은 우선 단기 성과 위주의 기술개발로 원천기술의 확보가 어렵고, 좁은 국토 면적으로 인한 신재생 에너지 자원량의 부족과 잠재 보급시장이 소규모라는 점이다. 해외 의존형 에너지 공급 체계와 경제중앙집중식 에너지 공급 구조와 함께 산업 경쟁력을 위해 에너지원의 저가 공급 정책은 소규모 분산형 전원이며 초기 투자가 큰 신재생 에너지 설비의 도입 및 본격 사업화를 지연시키는 요인이 되고 있다. 그 밖에 환경 피해 등을 과대 해석한 주민 반대, 취급이 편리한 기존 에너지원에 길들여진 생활문화 등의 사회 관습적 요인도 불리하게 작용하고 있다. 또한 자원·환경 문제에 대한 국민의 인식 부족과 신재생 에너지의 생산원가를 지나치게 높게 인식하고 태양열, 농촌 바이오가스 등 과거 실패한 신재생 에너지 보급 사업에 따른 부정적 인식도 문제가 되고 있다.

그러나 최근 발전차액 보전 등 경쟁력 확보를 위한 지원과 국내 초기 시장 창출을 위한 공공기관 설치 의무화 정책 등 신재생 에너지산업을 위한 육성 정책이 강화되고 있다. 또한 시장 창출을 위한 시범

사업, 핵심 기술인력 양성 사업 등을 전개하고 대학, 출연연구소, 기업의 연계 및 기술이전을 위한 기반을 조성하고 있다. 또한 신재생 에너지 분야의 중소기업과 대기업 간의 협력 체계도 과거보다 활성화되고 있고, 해외 기술의 도입 및 국제 교류도 활발히 추진되고 있다.

### 역량 차이를 줄이기 위한 방안

우리나라의 신재생 에너지 지원 정책은 발전차액 보전 제도, 설치 보조 및 융자 지원, 공공기관 설치 의무화, 제품 및 요소 부품의 조세 및 관세 경감, 기술개발 및 성능평가, 실증 연구 지원으로써 신재생 에너지원의 경제성 보전, 이를 통한 신재생 에너지 초기 시장 창출과 보급 촉진 등과 함께 궁극적으로는 신재생 에너지산업의 육성을 도모하고 있다. 이 같은 정책들은 선진국의 제도를 벤치마킹하여 2000년대 이후 마련된 것으로 정책 목표를 효율적으로 설정하여 추진하고 있는 것으로 평가된다. 다만 WTO 체제하에서는 영세한 관련 업계를 보호하지 못하거나, 시장에서 외국산 제품이 범람하고 국산 제품의 성능 및 품질이 효율적으로 관리되지 못하는 측면도 있다. 따라서 원천기술 개발과 신재생 에너지 제품의 품질관리, 인증제도 등을 더 활성화하여 국내 산업을 기술 경쟁력이 있는 분야로 만들기 위한 제도 개선이 필요하다.

우리 신재생 에너지 기술개발 산업화의 전략은 기반기술의 내재화, 국내 보급을 통한 초기 시장 창출, 원천기술 개발을 통한 경쟁력 제고, 성장동력 산업화와 세계시장 진출의 단계적 전략을 갖고 있다. 그러나 보급 목표 달성에 과도하게 집착한 나머지 국내시장이 외국산으로 빠르게 잠식되는 문제가 있다. 또 품질관리가 미흡하여 효율이나 내구성이 나쁜 제품들이 시장을 교란하고 사후 관리가 되지 않아 출시 후 소비자의 인식을 나쁘게 하고 전체 신재생 에너지 보급과 산업화에 매우 나쁜 영향을 주는 경우도 우려된다.

따라서 신재생 에너지의 산업화는 보급을 통한 초기 시장 창출과 개발을 병행하여 추진하여야 한다. 국내 기술이 선진국 수준에 근접한 분야(예 : 앞의 표에서 기술 역량이 90 이상 부분)는 시장 창출을 위한 지원을 강화하고 기술개발 측면에서는 신재생 에너지 설비와 연료 제품의 효율성 및 품질을 제고함과 동시에 내구성 향상과 원가 저감을 향상시키기 위해 기계공학, 화학·생물공정 공학 및 제어기술 등을 활용한 설비의 최적화는 물론이고 소재, 촉매, 바이오기술(Bio-technology, BT), IT 등의 원천기술을 융·복합하여 적용한 기술혁신을 이루어나가야 한다.

# 11

## 에너지 자립의 교두보, 원자력
## : 사용후핵연료 재활용 기술

　최근 기후변화 및 고유가 문제의 근본적 대책으로 원자력발전의 중요성이 재조명되고 있다. 원자력발전에서 발생하는 사용후핵연료(spent fuel)는 지하에 처분할 경우에 만 년 이상 생태계와 격리시켜야 하는 고준위 방사성폐기물이다. 그러나 이 중에서 문제가 되는 장수명의 방사성물질을 분리하면 고속중성자 원자로(고속로, Fast Reactor)에서 고품질 연료로 재활용될 수 있고, 남는 찌꺼기는 중준위 폐기물에 가깝게 독성을 낮출 수 있다. 핵무기가 될 수 있는 플루토늄을 별도로 분리하지 않는 고온 건식처리 기술인 파이로프로세스(Pyroprocess)를 사용하면, 이를 다른 고준위 폐기물과 함께 태우므로 핵 비확산적 친환경 원자력기술이 된다. 우리나라는 앞으로 20년 동안 고속로와 건식처리를 결합한 재활용 기술을 실증함으로써, 국내 사용후핵연료를 미래 원자력발전을 위한 천 년분의 연료 탱크로 탈바꿈시키려 노력하고 있다.

## 무엇이 기회인가?

### 사용후핵연료 문제의 해결 및 에너지의 효율적 재활용

현세대의 원자력발전소에서는 핵연료 연소율이 5%에 불과하여 사용후핵연료에 95%의 타지 않은 연료가 폐기물로 나온다. 우리나라에는 원자력발전이 시작된 1978년부터 지금까지 발생된 약 만 톤의 사용후핵연료가 발전소 부지 내 임시 저장소에 보관되어 있다. 사용후핵연료를 분리하여 완전연소가 가능한 제4세대 고속로에 장전하면 총 20배의 에너지를 생산할 수 있다. 만일 사용후핵연료를 고준위 방사성폐기물로 직접 처분한다면 장기간의 안전관리 부담을 지면서, 막대한 에너지자원을 그대로 버리는 셈이다.

사용후핵연료를 분리하여 재활용할 핵연료를 만드는 고온 건식처리 시설은 습식재처리 시설과 달리 공간을 많이 차지하지 않으므로 고속로의 부속 건물에 들어간다. 따라서 통합 재활용 시설에서 민감 핵물질 입출구를 제한하면 빈틈없는 통제가 가능해진다. 배출되는 최종 폐기물 중에서 처분 시설의 환경에 문제가 되는 소량의 핵종들을 수백 년간 특별 관리하면 안전성이 확보된다. 따라서 고속로와 연계한 고온 건식처리 기술은 원자력의 최대 걸림돌인 사용후핵연료 문제에 대한 전화위복의 해법이다.

**선진국들도 핵연료주기 기술개발을 위한 국가 프로젝트 추진**

미국은 1978년 핵 확산 문제를 이유로 자국 내 사용후핵연료 재처리를 중단하였으나, 2005년 방향을 선회하여 2020년까지 사용후핵연료 통합 처리 센터를 설치하고 분리된 장수명 핵종을 발전에 재활용하는 고속로를 개발할 예정이다. 고준위 폐기물 처분장 부지 확보 문제로 난항을 겪어온 프랑스는 오랜 연구의 결론으로 습식재처리 기술로 분리하고 2020년까지 장수명 핵종 분리 및 소멸을 위한 고속로 시스템의 원형로를 건설하기로 하였다. 일본도 고속로를 원칙으로 하고, 주개념으로 습식재처리를 통한 산화물핵연료 기술을, 보완 개념으로 건식처리를 통한 금속핵연료 기술을 각각 선정하고 2015년경 최종 결정할 계획이다.

**핵 비확산적 기술의 장래성**

고유가로 인하여 앞으로 많은 개발도상국들이 원자력발전을 도입할 움직임을 보이면서 미래 원자력산업에서 핵 비확산성이 가장 중요한 요건으로 강조되고 있다. 프랑스와 일본은 이미 대규모 투자로 확립된 습식재처리 기술을 채택하였으나, 이 기술은 핵 확산 위험 때문에 신규 원자력국가에 파급될 수 없다. 우리나라는 핵 비확산성을 갖춘 건식처리 기술을 선택하여 집중적으로 개발한 결과, 오래 전부터 이를 개발하여온 미국, 일본의 기술에 비하여 뒤지지 않는 원천기술을 일부 가지고 있다. 미국은 이미 건식처리 기술을 실험실에서 완성하고, 공학 규모 실증을 위한 연구개발을 진행 중이다. 따라서 우리나라가 한미 협력하에 추진 중인 실증 연구가 완성되면 장래에 고속로 기술과 연계하여 세계시장으로 진출할 수 있는 핵심 원자력기술이 될 수 있다.

한편 재래식 액체소듐 냉각 고속로기술에서 부족하였던 경제성과 안전성을 획기적으로 향상시키기 위한 제4세대 고속로기술 개발이 미국, 프랑스, 일본, 한국을 중심으로 추진되고 있다. 국제 공동연구가 성공적으로 완성되면 현세대의 원자력발전소는 퇴역하고 액체금속 냉각 고속로가 주축을 이룰 것으로 전망된다.

## 우리의 역량은 어떠한가?

### 기술 역량

미국은 1960년대부터 건식처리 기술을 개발해왔으며, 1980년대 중반에 접어들어 종합 공정 개념을 완성하였다. 이를 토대로 사용후핵연료의 재활용을 위한 건식처리 기술 실증 연구를 수행하고 있다. 건식처리 기술은 고온 군분리 기술, 핵물질 안전조치 기술 및 실증시설 기술로 분류할 수 있다. 고온 군분리 기술은 핵연료 물질을 회수하는 공정과 염폐기물을 처리하는 기술로 구성된다. 핵연료 물질을 회수하는 공정의 핵심기술에는 전해환원(電解還元)과 전해정련(電解精鍊) 기술이 있다. 우리나라는 1997년부터 원자력 중장기 국가 과제로 건식처리 개념에 대한 기술개발에 박차를 가하여, 전해환원 기술, 염폐기물 처리 기술, 핵물질 측정 기술 등의 일부 분야에 있어서는 세계가 인정하는 수준의 고유 원천기술을 확보한 상태다.

핵심기술인 전해환원 기술에 대해 우리나라는 독자 연구로 원천기술을 확보하였고 연구 시설의 규모 면에서도 미국의 약 10배에 달하고 있다. 그러나 이외의 공정기술에서 우리는 아직 실험실 수준에 머무르고 있다. 특히 사용후핵연료를 사용하는 실험이 국내에서 허용되지 않고 있어서 고준위 방사성물질 처리 기술의 검증 및 데이터베이스 구축 측면에서는 앞으로 나아가지 못하고 있다. 건식처리 시설 기술은 개발된 공정에서 나오는 강한 방사선으로부터 작업자를 보호하면서 공정을 실증할 수 있는 특수 차폐실험실인 핫셀(hot cell)의 설계 및 건설을 포함한다. 우리나라의 경우, 공기 분위기의 대규모 핫셀에 대해 설계 및 건설 기술을 갖추었으나, 알곤 분위기의 대규모 핫셀의 설계 및 건설은 경험이 없는 상태이다. 전체적으로 국내의 건식처리의 기술 수준은 선진국과 비교하여 약 60~70% 수준으로 평가하고 있다.

재래식 고속로기술을 가진 미국, 프랑스, 일본이 제4세대 소듐 냉각 고속로를 개발하고 있다. 수년 전까지 핵 확산 이유로 사용후핵연료 재활용 기술개발 활동이 극히 제한되어온 우리나라는 비록 후발국이지만, 고속로 설계 및 분석을 위한 전산코드 개발 능력은 상당한 수준에 달하였다. 한국원자력연구원이 개발한 제4세대 소듐 냉각 고속로의 모델인 KALIMER-600의 개념은 GEN-IV 프로그램(미국, 프랑스, 일본, 영국, 한국 등의 10여 개 국가가 참여하는 제4세대 원자로 개발 프로그램)에서 국제 공동개발 대상 모델의 하나로 채택될 정도로 기술성을 세계적으로 인정받고 있다. 이를 개발·검증함으로써 주요 원천기술 확보 가능성이 높다. 종합적으로 우리의 소듐 냉각 고속로기술은 이미 상용화된 기술 대비 약 60% 수준으로 평가하고 있다.

1974년의 한미 원자력협력협정에 의해 우리나라에서 사용후핵연료의 재활용이 금지되어 있다. 그러므로 2014년의 협정 개정을 위하여 고속로 통합형 건식처리의 핵물질 안전조치 기술을 개발하여 핵 비확산성을 확립하는 일이 중요하다. 핵물질 안전조치 기술은 사용후핵연료 건식처리의 핵 비확산성이 국자원자력기구(International Atomic Energy Agency, IAEA) 기준을 충족함을 입증하고 투명성을 보장하는 필수 요소로서, 원격으로 핵물질을 정밀하게 실시간 계량·관리할 수 있는 비파괴 측정기술이 핵심을 이룬다. 핵물질을 비파괴적으로 계량하는 기술은 로스알라모스 국립연구소(Los Alamos National Laboratory)가 주도적으로 개발하여 왔으나, 건식처리에 대한 안전조치 기술은 미국도 완성하지 못한 상태다.

### 사업화 역량

건식처리 기술의 사업화를 위해서는 실험실 규모, 공학 규모, 및 원형 규모 등의 여러 단계의 실증 과정을 거쳐야 하며, 이런 실증 시설들의 설계 및 건설에는 막대한 예산이 뒷받침되어야 한다. 또한 국내외적으로 민감한 핵주기 사업이기 때문에 국민 및 한미 간의 합의가 필요하므로 정부의 정책, 산업, 외교 활동이 연구개발과 밀접하게 연계되어야 한다. 우리나라는 2016년경 발전소 부지 내의 저장고에 사용후핵연료가 포화상태에 달하고, 지질학적 제약과 자원 지속성을 감안할 때 직접 처분이 어렵기 때문에, 국론 수렴 단계를 거치고, 2014년의 한미 원자력협력협정 개정을 성사시켜 핵 비확산적 재활용 기술의 개발과 사업화를 추진하여야 한다.

수년 내로 국내외 정책적 합의가 이루어지면 고속로와 건식처리 기술에 기반한 사용후핵연료 재활용 기술은 산학연의 집중적인 노력으로 핵 비확산적 친환경 원자력산업의 원천기술이 개발될 수 있다. 국내외 수요가 매우 크므로 핵 비확산적 원천기술의 확립은 곧바로 산업화로 시장을 형성할 것으로 전망된다. 사용후핵연료를 발생 및 보관 중인 한국수력원자력(주)도 이 처리사업에 적극적인 관심을 표명하고 있어 기술개발이 성공할 경우 실용화 여건은 충분하다고 할 수 있다. 이 기술은 한미간 긴밀한 협조하에서 추진되고 있기 때문에 우리나라가 실용화를 위한 원천기술 및 고급 기술인력을 확충하면 국제시장에서 미국과 상호 보완적으로 협력해나갈 전망은 양호하다.

현재는 기술개발 단계로서 정부 주도로 국가 출연기관인 한국원자력연구원이 주도적으로 추진하고 있다. 이 단계가 완료되는 2010년경부터는 산업체와의 책임과 역할을 구분하는 전략적 협상이 이루어질 예정이다. 비록 액체금속 냉각 고속로 연구개발이 초기 단계임에도 규제 기관(한국원자력안전기술원)과 설계 전문 회사(한국전력기술주

식회사), 핵연료 상용 공급사(한전원자력연료주식회사) 그리고 기기 제조업체들과 이미 기술 교류를 수행하고 있다. 점진적으로 원자력 산업체의 직접 참여가 예상되므로 사업화를 위한 체제가 잘 갖추어진 상황이다.

### 역량 차이를 줄이기 위한 방안

사용후핵연료를 재활용하고 최종 방사성폐기물의 독성을 중저준위 폐기물에 가까이 낮추는 기술이 향후 세계 원자력산업의 새로운 패러다임이 될 것은 분명하다. 선진국의 경우에는 국민적 합의의 부족에 따른 미래 불확실성과 기술 민감성으로 민간 기업의 참여가 부진하고, 안정적이지 못한 정부 지원하에서 개발의 생산성이 낮은 측면이 있다. 그러므로 이 분야의 후발국인 우리나라가 선진국과의 격차를 줄일 수 있는 방안은 안전성과 경제성이 높은 유망 기술에 대한 선택과 집중을 토대로 능률적으로 개발할 수 있는 여건의 구축을 요건으로 한다. 그러므로 장기 개발 계획에 대한 국민적 지지와 이를 뒷받침할 제도적 추진장치를 만들어야 한다. 기술적 타당성과 이에 근거한 국민적 지지는 한미간의 협력을 구축하는 데도 중요한 요건이다. 이를 위하여 경쟁기술의 현황과 미래시장을 심층 분석하여 우리의 선택이 우리나라 현실과 미래 전망에서 최상의 방안임을 보여야 한다. 국민적 합의와 한미 협력체제가 제도화될 경우, 장기적 투자 환경 속에서 민간 기업의 적극적 참여를 유도하고 연구개발 및 상용화의 효율성을 극대화함으로써 선진국들과 격차를 줄일 수 있다.

건식처리 기술의 연구개발에서 필수적인 종합 공정의 완성에 주력하여 파일럿(Pilot) 규모의 일반 공정을 실증하고 이를 통한 원천기술을 확립해야 한다. 최종 폐기물을 중저준위 폐기물 수준으로 정화하는 데 필요한 전해환원 공정, 폐용융염처리 공정, 미량원소회수 공정에 대해 원천기술의 확보에 주력해야 한다. 한미협정의 개정까지 사용후핵연료를 사용할 수 없으므로, 한미간의 공동 연구로 미국 내의 실험을 통한 원천기술 검증을 지속적으로 추진하여야 한다. 특히 미국의 건식처리의 핵 비확산성의 확립 노력을 적극 지원할 필요가 있다. 국내외적 합의하의 장기적이고 지속적인 개발을 위하여, 건식처리 기술을 습식처리 기술 및 직접처분 기술과 비교하여 우수한 핵 비확산성, 안전성 및 경제성을 입증하여야 한다.

제4세대 소듐 냉각 고속로기술 개발에서 우리나라의 고유 개념 설계인 KALIMER의 개발·검증을 목표로 보다 공격적인 첨단기술 확보를 지향해야 한다. 제4세대 소듐 냉각 고속로기술 중 개념 개발에 대한 실험적 검증은 자체 실험 및 국제 공동연구를 통한 검증을 추진한다. 2007년부터 착수되는 제4세대 소듐 냉각 고속로 국제 공동연구에 우리나라가 설계 및 안전, 첨단 핵연료, 기기 설계 및 2차 계통 공동 프로젝트에 참여하므로 각국이 개발한 기술을 활용할 계획이다.

이와 더불어 납-비스무스(Pb-Bi) 액체금속 냉각 고속로와 건식처리 기술을 통합하여 안전성과 경제성을 더욱 높이는 독창적 기술인 PEACER이 1998년 서울대학교에서 개발되었다. 최근 납-비스무스 고속로의 상용화에 돌입한 러시아를 제외한 원자력 선진국들은 이

신기술에는 초입 단계에 있다. 따라서 우리나라가 PEACER와 KALIMER 기술을 접목함으로써, 새로운 사용후핵연료 재활용 기술에서 선진국을 앞서는 전향적 방안도 추진되고 있다.

사용후핵연료 재활용 기술에 전력투구하여 국가의 에너지 안보를 구축하고 지속 가능한 원자력기술을 신성장동력산업으로 육성하기 위해서는 원자력계의 일치된 노력이 중요하다. 또한 국내외적 합의의 구축을 위하여 과학기술계와 정치외교계의 폭넓은 지원이 못지않게 절실하다.

# PART 3

## 창조하는 한국의 미래

1. 성공의 조건 | 2. 창조적 혁신을 위한 문화 | 3. 창의적 인재 양성 | 4. 창조적 성장을 위한 신투자 | 5. 효율 중심 시스템에서 효과 중심 시스템으로

우리는 다시 한 번 제2의 상상력과 아이디어를 모아 21세기 새로운 한국을 창조해야 한다. 기존의 '추격형 개발'에서 벗어나 '창조적 혁신'으로 이행해야 한다. 새 정부는 '창조적 실용'을 주창하고 있다. 이러한 창조적 실용에 대한 과학기술 차원의 대응이 바로 창조적 혁신이다.

FUTURE OF KOREA

# 1

## 성공의 조건

 우리나라는 지금 선진국의 문턱에 바짝 다가서 있다. 그러나 우리나라가 21세기에 진정한 선진국으로 도약하기 위해서는, 새로운 차원의 역량을 확보함은 물론이고 새로운 시스템도 구축해야 한다. 또한 그 문턱을 성공적으로 넘기 위한 치열한 구조적 전환의 노력이 필요하다.
 오늘의 한국을 이루는 데에는 1960~1970년대 선지자들의 무한한 상상력과 아이디어에 크게 힘입었다. 그들은 경공업→중화학공업→첨단산업으로 이어지는 선진국을 향한 '추격형 개발'을 비전으로 설정하였고, 이를 실현하기 위한 자원과 능력을 확보하는 한편, 이를 강력하고 효과적으로 실행할 수 있는 시스템과 제도를 구축하였다.

그 결과 세계에 유래가 없을 정도로 단기간에 선진국을 따라잡아, 세계 13위권 경제 강국의 면모를 갖추게 되었다.

그러나 우리는 다시 한 번 제2의 상상력과 아이디어를 모아 21세기 새로운 한국을 창조해야 한다. 기존의 '추격형 개발'에서 벗어나 '창조적 혁신'으로 이행해야 한다. 이와 같은 맥락에서 새 정부는 '선진 일류국가' 구현을 목표로 설정하고, 그 방안으로 '창조적 실용'을 주창하고 있다. 이러한 창조적 실용에 대한 과학기술 차원의 대응이 바로 창조적 혁신이다.

창조적 혁신을 통해 21세기 선진 일류국가로 발돋움하기 위해서는, 21세기 글로벌 과학기술 리더십을 확보해야 한다. 즉 창조적 혁신이 국가 전반에 걸쳐 충만한 '21세기 과학기술 강국으로의 길'을 만들어내야 한다. 이를 위해서는 새로운 과학기술 역량과 자산을 창출해야 한다. 또한 과학기술 역량의 제고에만 머물러서는 안 되며, 이를 비즈니스와 결합하는 능력이 세계에서 가장 뛰어나야 한다. 즉 과학기술을 세계에서 가장 잘 활용하는 국가가 되어야 한다. 중국, 일본, 서구 강국 등 강대국의 틈바구니에서 우리나라가 우뚝 서는 요체는 과학기술을 기반으로 하는 비즈니스를 세상에서 가장 잘하는 것이다. 나아가 과학기술이 국가 발전 전반에 걸쳐 중추적인 요소로 인식되는, 과학기술 기반의 국가 발전 기조가 확립되어야 한다.

한편 오늘의 한국을 가능하게 했던 핵심적인 요소는 모방문화, 제조인력, 설비투자, 정부 주도 등이었다. 하지만 21세기 과학기술 선진국을 달성하기 위한 핵심적 요소는 창조문화, 창의적 인재, 창의적 연구개발 투자, 시스템 경쟁력 등이다. 이하에서는 이들 4대 핵심요

**21세기 한국 과학기술의 구조적 전환**

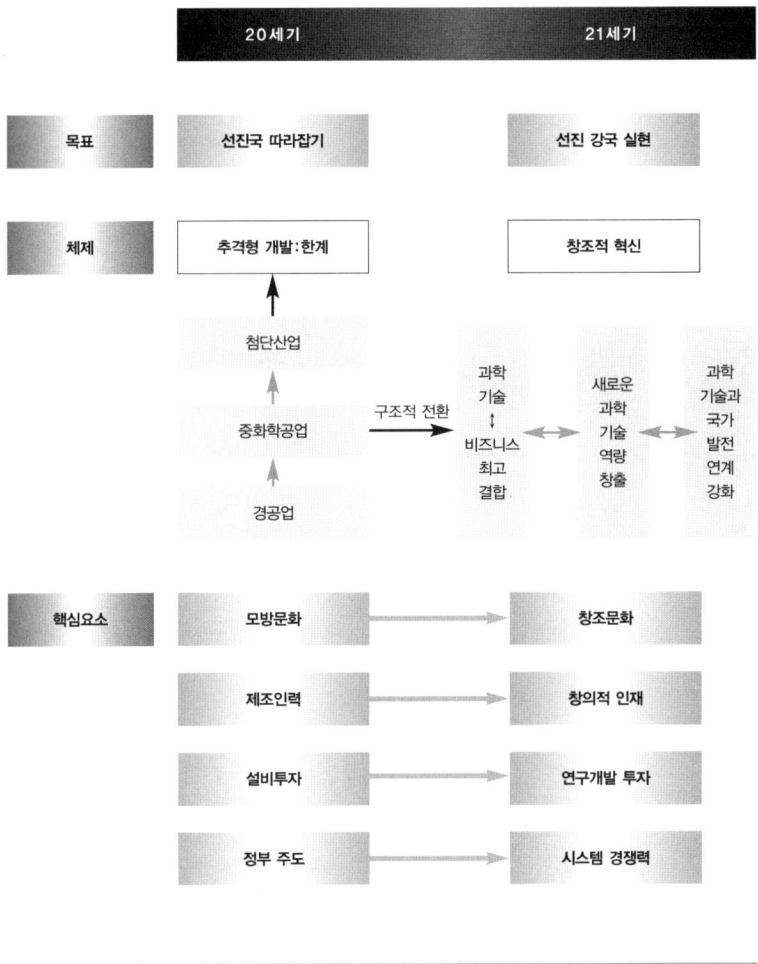

소의 주요 내용들과 이들을 실현하기 위한 주요 정책 과제에 대하여 살펴보고자 한다. 이때 반드시 유념해야 할 사항은 창조적 혁신은 결코 과학기술 분야만으로 이루어지는 것이 아니며 정치·경제·사회·문화 등 인문사회 분야와 효과적인 접합과 연계가 일어날 때에만 그 꽃을 피울 수 있다는 점이다.

# 2 창조적 혁신을 위한 문화

**우리의 미래, 왜 창조적 문화인가?**

우리나라의 기술혁신 활동은 그 동안 아래 표에서와 같이 '모방(path-following)' '개량(path-revealing)' '창출(path-creating)'의 단계를 거쳐 발전하였다.

첫 번째 단계인 모방의 경우, 제품에 대한 지식(development path)은 확보 가능(known, available)이었고 생산방법 및 공정기술(means to achieve) 또한 확보 가능이었다. 그러나 두 번째 단계인 개량의 경우, 제품에 대한 지식은 확보 가능이었으나 생산방법 및 공정기술은 확보 어려움(unknown)이었다. 나아가 세 번째 단계인 창출의 경우,

제품에 대한 지식도 확보 어려움이고 생산방법 및 공정기술 또한 확보 어려움인 이중의 불확실성과 위험 감수에 부딪치게 된다. 창출의 단계에서는 현재까지의 주어진 문제 풀기(problem-solving)로는 극복할 수 없고, 문제 설정(problem-defining)으로부터 출발하여 문제 풀기까지를 스스로 담당하는 능력이 요구된다. 현재 우리나라는 두 번째 단계인 개량까지 발전한 가운데, 세 번째 단계인 창출로 이행하기 위한 활동들을 활발하게 전개하고 있다. 이제 우리는 세 번째 단계인 창출로의 성공적인 구조 전환을 위해 지금까지와는 전혀 다른, 새로운 과학기술 문화를 형성해야 한다.

이러한 새로운 모습의 창조적 문화가 지향하는 바는, 세 번째 과정의 핵심 내용인 '창조적 혁신'을 더욱 촉진하는 것이다. 또 이는 경제·산업 구조를 고부가가치 체제로 전환하는 것을 의미한다. 무엇보다도 현재까지의 선진국 따라잡기에서 벗어나, 한국도 윈도, 펜티엄, 구글, 렉서스와 같은 수준의 세계 톱 브랜드를 스스로의 역량과 자산으로 창출하는 것이다. 또한 우리나라가 그 동안 축적한 기존기술을 활용하면서, 이에 첨단기술(high-tech)을 첨가하고, 또 최근 주요 쟁점으로 등장한 녹색기술(green technology)까지를 한 틀 속에 넣어 제대로 엮어지고 잘 결합되는, 가장 바람직한 모습의 새로운 기술혁신 패러다임을 창출하였음을 의미한다.

다른 측면에서, 국민소득 2만 달러까지는 예컨대 대기업 중심의 경제 발전을 지원하는 과학기술로 가능하다. 그러나 그 이후인 국민소득 3~4만 달러를 달성하기 위해서는 새로운 성장동력이 불가피하게 필요하다. 대기업 중심, 종래 방식의 과학기술만으로는 더 이상의

**우리나라 기술혁신 활동의 진화 과정**

| 분야 | 1단계<br>(모방) | 2단계<br>(개량) | 3단계<br>(창출) |
|---|---|---|---|
| 기술혁신 초점 | 모방을 위한 문제 풀기 | 혁신을 위한 문제 풀기 | 혁신을 위한 문제 설정 |
| 제품 지식 | 확보 가능 | 확보 가능 | 확보 어려움 |
| 생산방법 | 확보 가능 | 확보 어려움 | 확보 어려움 |
| 원천기술 | 도입기술 | 도입+자체 개발 | 자체 개발+<br>아웃소싱 |
| 핵심 요소 | 역엔지니어링 | 공정기술 | 아키텍처/디자인 |

성장이 어렵다. 신기술로 창업하는 기업들의 출현을 비롯하여 다각적인 측면에서 과학기술 응용을 통해 새로운 성장동력을 창출하는 것이 바로 그것이다. 아래 그림에서 보는 바와 같이 국민소득 2만 달러에서 3~4만 달러로 가는 과정에서 필수적으로 요구되는 새로운 도약을 위해서는 창조성의 대대적인 고양이 필요하다. 바꾸어 말하면, 문화가 바뀌어야 창조적 혁신이 가능해진다. 현재 우리의 문화는 모방과 주어진 문제 풀기 위주이고, 맞다/틀리다 두 가지 판단 기준만 존재하며, 남과 다른 것을 두려워하는 것이 주류를 이루고 있다. 앞으로 우리가 반드시 극복하고 넘어가야 할, 위에서 살펴본 이중의 불확실성은 현재의 문화로는 극복할 수 없으므로 창조적 문화가 요

**과학기술과 창조적 문화의 결합**

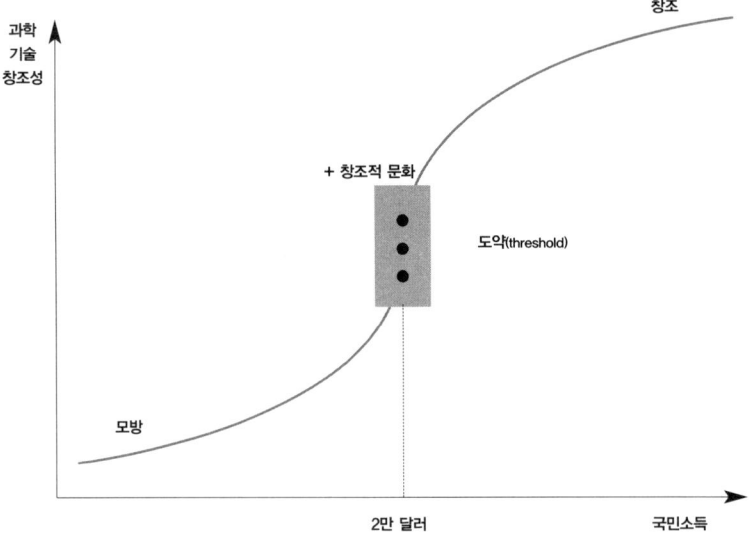

구되는 것이다.

또한 움직이지 않으면 도태됨에 주목해야 한다. 이를 대표하는 예로 '쫓고 쫓기는 끊임없는 경쟁(붉은 여왕의 경쟁, Red Queen's race)', '죽음의 계곡(death valley)을 뛰어넘어라' '변화하지 않으면 다윈의 바다(Darwinian sea)에서 죽는다' 등으로 표현되고 있다. 따라서 이들을 성공적으로 극복하고 경영하는 국가만이 21세기 선진국으로서의 위상을 향유할 수 있다. 나아가, 과학기술의 지평을 더욱 넓히기 위해서는 사회적 혁신 역시 촉발되어야 한다. 기술혁신 연구의 세계적 대가인 넬슨(R. Nelson) 교수는 '물리적 기술+사회적 기술→혁신→과학기술의 지평 확대'라는 과정을 논리적으로 설명하고 있다. 즉 사회와 과학기술의 공진화(共進化)가 요구되며, 이는 창조적 문화의 융성을 통해 가능하다.

### 창조적 문화의 방향과 조건

우리나라는 지난 40여 년간 선진국 따라잡기에 주력해왔으며, 자신의 특징적 자산과 색깔을 만드는 데 역점을 두지 못하였다. 하지만 우리나라도 자신의 특징적 자산 및 독특한 시스템을 구축해야 하는 시대를 맞이하였다. 미국, 일본, 독일, 프랑스, 영국, 스웨덴 등 과학기술 선진국을 떠올리면 연상되는 과학기술 이미지가 있듯 한국의 과학기술도 그러한 세계적인 이미지를 형성해야 한다. 현재까지의 모방과 추격 과정에서는 그러한 자신의 특징을 갖는 것이 오히려 비효율적이었다.

그러나 앞으로는 우리나라 고유의 문화와 자산을 갖추지 못하면 그것이 오히려 비효율적이며 발전을 제약한다. 이때 우리 문화와 우리의 가치관 등 한국적 색깔을 나타내면서도 글로벌 스탠더드(global standard)에 부합해야 한다. 예를 들어 자연과의 조화를 강조하는 유교 사상이나 인본주의적 가족관에 부합하는 우리 고유의 창조적 과학기술 문화가 필요하다. 또한 시장체제, 글로벌 네트워크, 세계적 노벨티(novelty) 등에 부합하는 과학기술 문화가 요구된다. 특히 창조적 문화를 통해 세계 지식생산 국가의 그룹에 합류할 수 있음을 주목해야 한다. 그 동안 우리나라가 묵시적으로 갖고 있던 모방 콤플렉스에서 벗어나, 선도자로서의 자긍심을 갖게 될 수 있다.

창조적 문화를 구축하기 위해서는 창조적 문화가 지향하는 21세기 과학기술 강국으로서의 비전과 그 핵심 내용이 무엇인가를 살펴보아야 한다. 그 요체는 우리나라가 21세기 전략적 영역에서 세계 과학기술 리더십을 확보하는 것이다. 또한 과학기술 투자와 인력 등에서 선진국과 경쟁할 수 있는 최소한도의 임계(臨界) 규모를 형성하는 것이다. 그리고 과학기술 활동의 생산성과 효율성을 선진국 수준까지 끌어올리는 것도 요구된다.

다른 한편으로는 과학기술의 지평이 더욱 확대됨도 창조적 문화의 중요한 전제가 된다. 앞으로도 경제산업의 발전을 지원하는 것은 여전히 과학기술의 중요한 역할이다. 그러나 이제까지와는 다른 방식이 될 것이다. 창조적인 문화가 충분하게 고양된다면, 새로운 성장동력이 끊임없이 창출되는 것을 기대할 수 있다. 그것은 곧 경제성장이 과학기술에 주로 의존하는, 이른바 창조적 경제성장 모드에 진입하는 것이다.

이에 더하여 아래 그림에서 보는 바와 같이 과학기술의 역할이 국가 발전 전체와 긴밀하게 결합되는 쪽으로 확대되고 있다. 삶의 질 향상, 지속 가능한 발전, 에너지·자원의 안정적 확보, 사회 시스템과 사회 안전의 고도화, 국가 안보와 국위 선양 등 새로운 국가적 과제를 해결하기 위한 과학기술의 역할이 이에 못지않게 중요해졌다. 예를 들어, 우리나라에서도 성인병, 원격의료, 청정에너지, $CO_2$ 감축,

**과학기술의 새로운 임무와 역할**

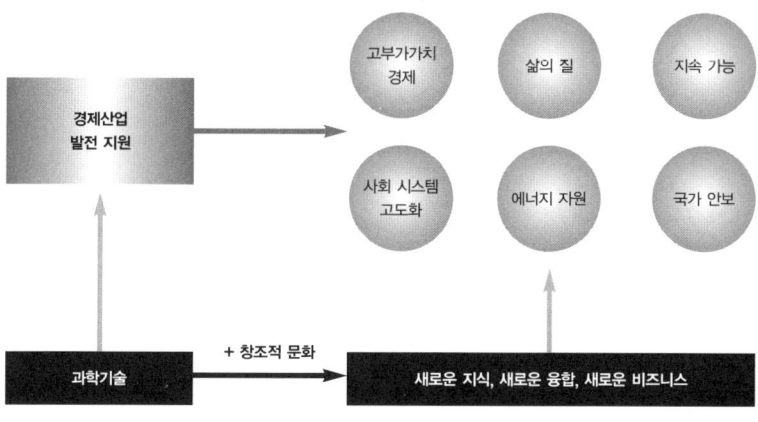

 물 부족 해결, 초고속 통신, 초고속 수송 시스템, 수명이 길고 안전한 건조물, 제조물의 안전, 자동인식·자동감시 등을 통한 안전한 사회, 지진·홍수·태풍 등 방재, 에너지·자원의 안정적 확보, 사스·고병원성 조류독감 등의 감염증, 첨단기술이 기반된 국방 등 국가적 주요 과제 전반에 걸쳐 과학기술의 역할이 매우 커졌고 또 중요해졌다. 창조적 문화의 고양을 통해 2020년, 2030년 우리나라의 발전에 기여할 수 있으며, 풍요로운 삶, 건강한 삶, 쾌적한 삶, 편리한 삶, 안전한 삶을 이룩할 수 있게 된다.
 나아가 창조적 문화의 고양을 통해 최근 가장 주요한 쟁점으로 부각된 지속 가능한 경제 및 사회 구조의 실현을 지향해야 한다. 무엇보다 환경친화적, 에너지 효율 사회를 지향하며, 또 새로운 성장동력

을 지속적으로 창출하는 양호한 기술혁신 생태계가 형성되어야 한다. 특히 과학기술에 창조적 문화가 결합됨으로써 새로운 지식, 새로운 융합, 새로운 비즈니스가 창출될 수 있음에 주목해야 한다.

**주요 정책 과제**

### 어려서부터 '남과 다르기' 교육

과학기술 강국을 실현하기 위해서는 남과 어떻게 다르게 생각할 것인가 하는, 창조성 고양이 첫 번째 요소라 할 수 있다. 우리나라의 국가 규모를 고려할 때 기존의 어릴 때부터 '남과 같기' 위주의 교육은 계속되어야 한다. 그러나 모범 답안은 더 이상 존재하지 않는다. 어릴 때부터 비판적이고 독창적으로 사고하는 능력을 키우기 위한 '어떻게 남과 다르게 생각할 것인가'를 크게 확대해야 한다. 특히 가정교육을 바꾸어야 하며, 가정에서부터 창의성을 존중해야 한다. 유대인은 학교에서 돌아오는 자녀에게 '오늘 선생님께 몇 개를 질문했느냐?'고 물어보는 반면, 우리나라 사람들은 자녀에게 '오늘 선생님의 질문에 몇 개를 대답했느냐?'고 묻는다고 한다.

이를 위해 초·중·고 시절부터 개인별 특성과 장점을 살려 독창적이고 차별화된 사고방식을 고양하는 '차별화를 지향하는' 교육을 크게 확장해야 한다. 또한 대학입시 위주의 문제 풀이식 과학기술 교육이 아니라, 과학기술의 원리를 이해하고 스스로 탐구하며 적용하는 능력을 키워주는 교육이 요구된다. 또 문과와 이과의 구분을 없애야 한다. 학문적 경계를 넘어선 융합, 컨버전스 등 학문간 인터페이스에 제3의 독창성이 있음을 잘 살려야 한다.

**위험 감수 및 실패의 허용**

실패에 대한 사회적 관용이 요구된다. 실패도 자산이므로, 패자 부활 제도가 구축되어야 한다. 연구개발 혹은 사업화의 과정에서 미리 설정된 일정한 규칙이나 실패에 대한 허용의 폭을 따르고 있다면, 그리고 특별히 악의적인 경우가 아니라면, 성실한 실패에 대하여 자기 책임의 범위 내에서 법적 책임을 묻지 않고 면책하는 제도적 장치가 요구된다. 로마가 융성했던 이유의 하나를 패자 부활전에서 찾을 수 있다. 전쟁에서 한 번 졌다고 하더라도 다음 전쟁에서 이를 만회할 수 있는 기회를 부여했던 것이다.

또 과학기술 활동 그 자체가 삶의 긍지와 보람이자 명예인 새로운 과학기술 가치관이 정착되어야 한다. 과학기술이 좋아서 장기간에 걸쳐 과학기술 활동에 몸담고, 과학기술에 대한 관심과 애정으로 과학기술을 선택하는 인재들이 많은 사회가 되어야 한다. 그런 점에서 정부 연구개발 프로그램은 지적 호기심에 기반하고 또 흥미에 기반하는 연구에 주력해야 한다.

그리고 기업의 연구개발 활동을 위한 자원 배분에서, 단기 성과 위주에서 벗어나 새로운 세계를 개척하기 위한 선도 연구로의 전략적 변화가 요구된다. 이를 위해 기업에서도 실패를 허용하는 수많은 창조적 실험을 위한 투자를 늘리고, 창조성에 대한 경영자의 인식이 전환되어야 한다.

**세계적 지식을 창출하는 환경 및 인프라 구축**

우리나라도 세계를 선도하는 연구 그룹을 보유해야 하며, 독창성이 뛰어난 인재들이 제도적인 틀로 인해 방황하거나 좌절하지 않고 활발하게 길러지는 시스템을 구축해야 한다. 특히 우리나라의 규모와 역량을 감안할 때, 전략적 영역에 대한 자원 집중을 통해 세계를 선도하는 탁월한 연구 집단의 임계 규모를 형성할 수 있어야 한다. 즉 세계 프런티어 지식을 만들어내기 위한 장기 연구 및 심층 연구가 가능한 시스템을 구축해야 한다.

또한 고급 두뇌들이 마음껏 능력을 발휘할 수 있는 선진국 수준의 연구환경과 인프라를 조성해야만, 핵심 인재의 국내 육성·공급이 가능하다. 또 고급 두뇌들의 해외 유출 방지도 가능하다. 나아가 정부 간섭을 최소화해야 한다. 무엇보다도 과학기술계가 자율과 책임 아래 맡은 바 일을 스스로 알아서 잘하는, 자기조직화가 이루어져야 한다. 뿐만 아니라 세계 정상의 기술을 만들어내고 상업화하는 빌 게이츠 같은 기술 창업가를 배출하는 여건을 조성해야 한다.

**창조적 문화에 적합한 법과 제도 확립**

계층구조적 사고방식과 파워구조에 길들여진 법과 제도의 과감한 혁파가 요구된다. 사회 각 분야에 수평적 사고와 합리적 결정이 광범위하게 형성될 때 창조성의 발현을 기대할 수 있다. 창조적인 법 제도와 같은 사회적 기술이 제대로 구축되지 않고는 세계 일류화가 어렵다.

특히 창의적 지적 활동의 가치를 높이 평가하고 존중하며, 창의적 지적 자산을 소중하게 보호하려는 풍토가 조성되어야 한다. 이와 관련하여 창의적 성과를 창출하는 개인에게 충분한 사회·경제적 보상이 이루어질 수 있는 제도를 공고히 하여야 한다. 특히 과학기술을 전공하면 부와 명예를 확보할 수 있다는 믿음이 가는 금전적, 사회적 보상 체계가 확립되어야 한다.

### 국경, 국적, 인종을 초월한 글로벌 네트워크 확장

영국과 독일의 유그노(Huguenot, 캐러밴파의 신교도) 이민 유입 경쟁에서 보는 바와 같이, 마이너리티(minority)는 인류사를 바꾸는 혁명의 원동력이 되어왔다. 또한 다양성은 창조의 인프라이다. 어느 집단이든 순혈주의는 환경변화에 취약했고 극단적으로는 종말을 가져왔다. 따라서 개인, 기업, 대학, 연구소의 순혈주의를 타파하고 다양성을 얼마나 확대하느냐가 창조성의 관건이다. 닫힌 세계는 열린 세계에 항상 패배했다는 것이 중요한 역사적 교훈이다.

그리고 한반도 중심적 사고를 전 세계적 틀로 확대할 필요가 있다. 다양성의 외연을 글로벌로 확장하기 위해서는 전 세계 동포 네트워크의 전략적 활용, 우수한 외국인을 유입하기 위한 국적법의 확대 개정, 이민정책에 대한 발상의 전환이 요구된다. 인종적 순혈주의가 강했던 핀란드가 다양한 문화 수용, 이민정책의 변화 등을 도모한 것이 시사하는 바가 크다. 앞으로 외국인이 더 많은 대학과 연구소가 전혀 이상할 것도 없는 그런 사회가 되어야 한다.

### 과학기술의 사회적 수용성 증진

근래에 발생했던 줄기세포 사건은 우리 사회에 큰 교훈을 던져주었다. 연구 윤리의 국제 기준화는 그래서 더욱 필요하다. 또 과학기술 활동의 투명성 및 신뢰도가 제고되어야 하고, 자기혁신하는 모습을 보여주어야 한다. 따라서 과학기술과 인문학의 긴밀한 접촉 및 연계가 요구된다. 특히 쌍방형의 소통 확대를 통해 창조적 과학기술을 개발시키기 위한 노력이 요구된다. 반과학적 이슈를 학문간 협력으로 극복하려는 자세가 요구된다.

나아가 환경, 원자력 등 과학기술 발전에 대한 사회의 부정적 의구심 해소도 시급하다. 과학기술 발전을 과학기술자의 손에 맡기는 것이 위험하다는 사회의 인식을 불식시킬 수 있어야 한다. 그런 의미에서 과학기술 규범이 사회규범과 잘 부합되는 것이 중요하다. 주요한 국책사업마다 환경문제로 갈등과 시비가 증폭되고, 방폐장(放廢場, 방사성폐기물 처리장) 문제로 20년에 가까운 굴곡을 겪은 것이 시사하는 바가 크다.

# 3 창의적 인재 양성

### 왜 창의적 인재인가?

우리나라가 단기간에 공업화에 성공할 수 있었던 원인으로 많은 사람들이 교육을 이야기한다. 높은 교육열을 바탕으로 고등교육에 대한 열성적인 투자가 이루어졌고, 이를 통해 값싼 양질의 노동력이 산업계에 풍부하게 공급되어 산업화의 기반이 된 것이다. 그러나 선진국과의 격차가 축소되면서 창의적인 인재의 필요성이 대두되기 시작하고 있다. 과학 올림피아드 등 각종 평가에서 높은 성적을 거두고 있음에도 불구하고 우리나라 인재들의 창의성에 대한 의문은 여전하다. 글로벌 인재들에 대한 평가를 담당했던 한 컨설턴트는 우리나라 인재들이 학력이 높고 화려하지만 창의성이 낮고, 도전 정신 또한 부족함을 지적하고 있다. 우리나라가 산업화 시대를 넘어 21세기 강국으로 부상할 수 있는 가장 확실하고도 효과적인 방법은 창의적인 인력의 양성과 이를 통한 국가 발전 전략일 것이다.

창의적 인재에 대한 정의는 분명치 않다. 과학기술의 능력이 뛰어난 인력을 지칭할 수도 있고, 학력이나 분야에 상관없이 새로운 문제 해결의 능력을 보여줄 수 있는 인력을 창의적 인재라 할 수도 있다. 전자의 경우라면 창의적 인재는 고도의 기술적인 성취가 가능한 소수를 지칭할 것이고, 후자라면 정의 자체는 모호하지만 대다수의 일반인까지를 포함한 경우가 될 수 있다. 다양한 정의가 가능하지만 광의에서 본다면 창의적인 인재는 탁월한 문제 해결 능력을 갖춘 인력이라고 정의할 수 있다. 여기에는 보통의 수준을 넘는 탁월성이 요구된다는 점과 이것이 구체적인 문제를 대상으로 하고 있다는 점, 마지막으로 이를 여러 가지 방법과 아이디어 들을 통해 해결해야 한다는 의미를 내포하고 있다.

창의적 인재가 중요한 것은 창의적 인재야말로 미래 경쟁력을 결정짓는 요소이기 때문이다. 대부분의 국가에서 인재의 창의성이나 창조성에 주안을 두고 정책을 추진하는 이유도 국가 경쟁력 때문이다. 기업들이 중요한 투자를 고려할 때 인력 자원을 고려하는 것도 이제 일상화된 현상이다. 제너럴일렉트릭사(GE, General Electric Co)가 미국 뉴욕, 독일의 뮌헨 이외에 중국의 상하이, 인도의 방갈로르(Bangalore)에 연구소를 운용하는 것은 우수한 인적 자원 때문이다. 이런 점에서 보면 창의적 인재는 글로벌 경쟁에서 국가의 매력을 결정하는 요소가 될 수 있다.

창의적인 인재가 변화를 만들고 경쟁력을 향상시킨 사례는 어렵지 않게 찾을 수 있다. 창의적 인재는 보통 수준의 기업을 초우량 기업으로 만들어주기도 한다. 애플(Apple Inc.)의 경우가 대표적이다. 애플은 불과 수년 전까지만 해도 평범한 회사 중 하나였다. 그러나 1996년 스티브 잡스(Steve Jobs)가 CEO로 복귀하면서 애플은 IT산업의 아이콘으로 부상한다. 스티브 잡스 체제하에서 애플은 아이맥(iMac)을 시작으로 2001년 아이팟(iPod)을 도입하면서 음악산업의 혁신을 이룬다. 아이팟은 약 1.5억 대가 판매되었고, 아이튠즈(iTunes)를 통한 음악 배신(配信)은 음반의 유통 경로를 바꾼다. 2007년에 도입한 아이폰(iPhone)은 휴대폰을 통한 인터넷의 변화 모습을 보여준다. 한 명의 창의적인 인재가 보통의 회사를 주목받는 회사로 바꾼 것이다.

우리나라에도 창의적인 인재가 상식적으로 불가능하다는 것들을 돌파하여 새로운 혁신을 만들어놓은 사례가 많다. 우리가 세계 최강의 조선 강국으로 부상한 것도 따지고 보면 창의적 발상을 현실로 만들어낸 인재의 힘이 크다. 한국의 조선산업은 2000년 이후 일본을 제치고 세계 1위로 부상하였다. 이러한 성과의 기저에는 발상의 전환과 상식의 파괴가 자리잡고 있다. 예를 들어 삼성중공업은 해상 크레인을 활용한 플로팅(Floating) 도크 방식을 적용해 매년 대형 선박 7척의 추가 건조 능력을 확보했고, 현대중공업은 육상에서 배를 건조하는 방식을 적용하고 있다. 상상이 상상에 그치지 않고, 기업의 성과나 변신을 만들었고, 이것이 국가 경쟁력으로 이어질 수 있음을 보여준 것이다.

### 인력 수급 환경의 변화

미래의 인력 수급 환경은 지금과는 상이할 것이다. 가장 크게 주목할 것이 인구구조의 변화이다. 특히 학생 수의 감소에 주목할 필요가 있다. 초등학생 수를 보면 현재보다 약 1백만 명이 감소할 수 있다는 전망이 나왔다. 인구의 감소는 필연적으로 전인 입학 시대가 도래될 수 있음을 의미한다. 바꾸어 이야기하면 학생이 학교를 골라서 가는 시대가 도래한다는 것이다. 대학이나 기타 교육기관도 경쟁력이 없으면 사라질 수 있다는 의미이다. 또 다른 이슈는 이공계 고급 인력의 감소가 불가피할 것이라는 점이다. 이미 미국 등의 선진국에서는 이공계 박사의 배출이 크게 둔화되거나 감소하는 현상을 보이고 있다. 2001년 대비 2003년을 보면, 미국은 1만 8,800명에서 1만 8,600명으로, 독일은 9,200명에서 8,300명으로 감소했다는 조사도 있다 (삼성경제연구소, 2007).

두 번째는 산업의 변화 가능성이다. 이미 대부분의 선진국은 급격히 서비스산업으로 산업구조의 변화를 겪고 있다. 우리나라는 OECD 국가 중 가장 낮은 수준의 서비스산업 규모를 보이고 있으나, 장기적으로 서비스업의 확대는 불가피해 보인다. 산업구조가 바뀐다는 것은 요구하는 창의적인 인재의 수준이나 분야가 달라진다는 이야기다. 지식기반의 비중이 점차 늘어난다는 것도 주목할 필요가 있다. 제조업이건 서비스업이건 간에 고도의 지식을 기반으로 산업의 발전이 이루어진다는 것이다. 즉 산업화 시기와 같이 대량의 범용 인재보다는 다양한 분야에서 전문성을 갖추고, 창의적으로 문제를 해결할 수 있는 인력에 대한 수요가 늘어난다는 것이다.

수급 환경의 변화는 학생, 교육기관 그리고 기업 등 3대 주체의 변화를 요구한다. 물론 핵심은 교육에 있다. 교육이라는 제도를 통해 변화가 이루어지기 때문이다. 이를 위해 몇 가지 원칙이 필요하다. 우선은 미래 지향적인 열린교육과 사고이다. 향후 국경을 넘는 인재의 수가 늘어나고, 기업의 글로벌화가 심화되는 환경에서 열린교육의 필요성은 더욱 중시된다. 국내외를 아우르는 글로벌 관점뿐만 아니라 규격화되지 않은 인재의 육성에도 열려 있어야 한다는 점을 말함이다. 창의적으로 사고하고, 다른 방법으로 문제를 해결하는 능력을 갖추고 새로운 것들에 도전하는 인재들이 자유롭게 성장할 수 있는 환경이 되어야 한다는 이야기다. 미래 지향적인 관점을 갖고 교육이 사회적 수요와 변화를 선도하는 역할을 해야 한다는 것이다.

그리고 세계 수준을 지향해야 한다. 세계적 수준이라고 하면 다양한 잣대로 평가가 가능할 수 있다. 〈타임즈〉에서 분석한 바에 따르면 우리나라는 세계 100대 공과대학 순위에 2개 대학이 들어 있는 것으로 나타난다. 대학의 글로벌화, 논문의 피인용도, 학생 대 교수의 비율 등이 고려 대상이 되었다고 한다. 미국이 30개, 일본이 6개, 중국이 6개인 것과 비교하면 낮은 수준이다. 이미 우리나라의 산업이 세계 최고 수준에 근접하고 있다. 따라서 인재의 수준이나 학문의 수준도 산업이 지향하는 세계적 수준에 걸맞아야 한다. 세계 수준의 학문

**세계 100대 공과대학 수(2006년)**

| 구분 | 한국 | 미국 | 영국 | 일본 | 중국 | 스웨덴 |
|---|---|---|---|---|---|---|
| 엔지니어링 & IT | 2개 | 30개 | 7개 | 6개 | 6개 | 2개 |
| 자연과학 | 2개 | 26개 | 9개 | 6개 | 5개 | 3개 |

자료: 타임즈, 〈The Times Higher Education Supplement〉, 2006. 10. 13.

적 성과를 내지 못한다면 산학 연구도, 인재의 활용도 한계가 있을 수밖에 없기 때문이다. 세계적 수준의 교육기관을 확보하고 있다는 것은 글로벌 인재를 끌어들이는 데도 기여할 수 있다. 세계적인 석학을 향해 모여드는 글로벌 수준의 인재를 국내에서 교육시키고, 이들을 통해 한 단계 높은 혁신을 이루는 것이 가능해질 수 있다.

### 창의적 인재 육성을 위한 방안

**대학이 변해야 한다**

창의적 인재 육성의 관건은 경쟁력 있는 인력 순환 체계의 구축 여부가 될 수 있다. 이를 위해서는 먼저 대학이 변화의 주체가 되어야 한다. 우리 사회에서 대학은 다양한 의미를 내포하곤 한다. 우선 대학은 우리나라 박사급 연구인력의 69%를 차지하고 있을 정도로 고급 두뇌의 집결지이다. 바꾸어 이야기하면 대학은 창조적인 혁신을 만들어낼 수 있는 핵심 자원을 가장 많이 보유하고 있는 집단이라는 것이다. 두 번째로 대학은 초등학교에서 중학교, 고등학교에 이르는 교육 시스템의 변화를 유발시킬 수 있는 정점에 있다. 대학의 입시 요강에 일희일비하는 현실을 감안할 때 대학에서 선발과정이 경직될수록, 대학이 요구하는 인재의 창의성을 중시하지 않을수록 교육을 통해 창의적인 인재 육성을 기대한다는 것은 불가능해질 수 있다. 마지막으로 대학이야말로 인력이 사회로 배출되는 마지막 관문이라는 점에서 창의성을 고도화시키는 방향으로 교육이 이루어져야 한다. 즉 고등 교육기관으로서 대학의 창의적 교육 시스템이 요구된다는 것이다.

이를 위해 시장환경에 맞는 제도의 운영이 필요하다. 이런 점에서 가장 우선적으로 고려되어야 할 것이 선발의 자율권 확대이다. 대학 등의 교육기관이 선발에 대해 다양한 기준이나 자율성을 가지고 운영한다면 초·중·고등학교에서 생기는 획일적인 교육의 모습이 완화될 수 있기 때문이다. 이와 더불어 교육 주체들에 대한 책임의 확대도 필요하다. 자율권을 교육의 기회균등이나 새로운 창의적 인재 양성의 계기로 활용될 수 있도록 유도해야 한다.

두 번째로 수월성을 추구하는 방향으로 정책 전환이 요구된다. 수월성의 추구에 대해서는 그 동안 많은 논의와 토론들이 이루어졌다. 그럼에도 여전히 수월성의 추구에 대한 공감대 형성은 미흡하다. 이는 수월성이 기회의 박탈로 이어질 수 있다는 우려에서 기인한다. 특히 우리나라와 같이 지역별, 소득별로 교육에 대한 투자가 불균등한 상황에서 자칫 수월성의 추구가 기회의 불균등을 심화시키는 방향으로 이어질 수 있기 때문이다. 이런 점을 감안해서 수월성은 반드시 기회균등을 전제하는 것이 바람직하다. 즉 기회는 균등하게 주되, 수월성에 기초한 제도 운영이 되어야 한다는 것이다. 이런 점에서 수월성의 추구가 선행되어야 하는 분야가 대학이다. 대학생의 경우 본인의 노력이나 능력이 소득이나 지역 등과 같은 배경보다 중요하게 나타날 수 있다는 점때문이다. 특히 스스로의 판단에 의해 행위가 이루어지고 평가된다는 점도 감안될 수 있다. 대학에서의 성과를 바탕으로 수월성의 추구가 타 교육 분야로 확산되는 것이 바람직하다고 보인다.

　마지막으로 대학의 다양한 주체들간의 경쟁을 촉진시키는 것이 필요하고, 이를 통해 전체적인 수준의 제고를 도모하는 것이 바람직하다. 특히 교원들의 경쟁이 우선 고려될 수 있다. 흔히 우수 학생의 유치는 대학 교원의 수준에 의해 결정된다는 이야기가 있다. 또 다른 이야기로 아무리 훌륭한 박사 학생도 교수의 수준을 넘지는 못한다는 이야기도 있다. 교원의 수준이 높으면 그만큼 학생들의 목표나 수준도 상향될 수 있다는 의미일 것이다. 교원의 경쟁은 엄격한 기준에 의한 선별과 트랙의 다양화 등을 통한 방법이 고려될 수 있다.

　KAIST에서 시작된 교수 심사의 기준 강화는 바람직하고 수준 제고를 위해 필요한 조건일 수 있다. 또한 현재 논문 수 등으로 획일화된 교원들의 평가에 대한 방식도 변화가 필요하다. 학문의 수월성이 요구되는 분야는 양보다는 질, 즉 연구의 효과(impact)에 대한 평가가 우선되어야 한다. 반면 현장의 문제 해결이 중시되는 분야는 학문적인 수월성보다는 현장에서의 평가가 우선되어야 할 것이다. 특히 이 과정에서 학생들의 피드백, 기업 등 수요자의 평가 등이 반영될 필요가 있다.

**경로 다양성의 인정**

미래사회가 요구하는 창의적 인재를 확보하기 위해서는 다양성에 대한 인정이 선결되어야 한다. 우선은 학제 운영 시스템의 유연성이다. 하버드 대학의 경우 인문사회 분야에서도 기초과학의 교육을 요구하고 있고, 전공에 관계없이 외국어, 수리 분석, 윤리 등의 학제적인 교육과정을 제공하고 있다고 한다. 미국에서는 학제간 연구로 박사학위를 받은 학생의 수가 최근 급격히 늘고 있다는 보도도 있다. 특히 기업들의 경쟁이 산업간 융합에 의해 나타나고 있기 때문에 여러 학문이 결합한 학제적 교육과정을 거친 인재에 대한 필요성은 매우 높다. 현재 대학 학부제를 운영한다거나, 협동과정 등을 통해 기존의 학과 벽을 넘는 인재 육성에 대한 시도가 일부 대학에서 이루어지고 있으나 이것이 보다 광범위하게 확산되어야 한다. 이와 더불어 고등학교에서 시작되는 문과와 이과의 구분도 완화될 필요가 있다. 미래의 다양한 가능성을 모색해야 할 시기에 특정 분야로 규정짓는 것은 불합리할 수 있기 때문이다.

획일적인 운영 시스템의 개편도 필요하다. 학위 기간, 학교의 체계나 형태 등에 대한 전반적인 개선을 감안해야 한다는 것이다. 예를 들어 독일에서는 학위 기간을 단축하는 프로그램을, 스위스도 박사 과정 학생들이 논문 작성에 소요되는 기간을 줄이는 프로그램 등을 고려하고 있다고 한다. 학위 기간의 단축은 불필요한 행정적, 관행적인 과정들을 축소시켜 능력이나 학문적인 성과에 따라 다양한 경로를 보장하자는 취지이다.

이러한 측면에서 제도적으로 보완되어야 할 것이 평가나 지원의 차별화이다. 단일의 평가 시스템이나 균등한 지원 체계하에서는 변화를 추구할 인센티브가 제한될 수밖에 없다. 경쟁을 통한 발전의 인센티브를 주기 위해서는 지원 체제의 차별화가 필요하다. 교육기관들이 환경 변화에 스스로 대응하고, 경쟁하는 과정에서 다양한 변신을 추구해야 하고, 이 과정에서 경쟁력 있는 교육 시스템이 구축될 수 있다는 것이다.

### 진학 지도에서 진로 지도로

초·중·고의 교육도 진학 지도 중심에서 벗어나야만 한다. 사회는 창의적이고 다양한 사고와 아이디어를 가진 인재를 요구하는데, 학교 교육 시스템은 여전히 입시 위주, 점수 위주이기 때문이다. 물론 중·고등 교육은 대학의 시스템 변화와 맞물린 문제이기도 하지만 중장기적으로 진로 지도 형태로 역할과 방향이 전환될 필요가 있다. 특히 이 과정에서 미래사회의 다원성이나 글로벌시장 환경의 역동성, 산업기술의 영향 등 스스로 판단과 사고에 도움이 될 수 있는 장을 제공해주는 것이 바람직하다.

이와 더불어 생애교육을 위한 지속적인 프로그램의 도입도 필요하다. 급격한 기술의 변화와 사회구조의 변화를 겪고 있는 현대사회의 특성을 감안한다면 생애교육의 필요성은 그 어느 때보다 높다. 현장에서의 경험을 새로운 학문이나 지식과 결합시켜 새로운 방법을 찾아낼 수도 있고, 전직 등을 통한 학제적인 융합을 유도하는 것도 가능하다. 예를 들어 독일에서 서비스산업 혁신의 상당 부분이 제조업에서 이동해온 인력에 의해 이루어졌다는 연구도 있다. 이러한 산업 간의 인력 이동, 직제간의 인력 이동을 촉진시키는 일차적인 장치가 생애교육 시스템이 될 수 있다.

마지막으로 산학의 연계 촉진을 위한 교류 확대가 필요하다. 산업계의 문제가 학교와 유리되지 않기 위한 첫걸음이 교육을 통한 문제 해결이다. 학교가 더 이상 상아탑 안에서 안주하기보다는 울타리를 벗어나 현장의 문제를 해결하는 적극성을 보여야 한다. 문제 해결의 과정에서 사회가 필요로 하는 인재가 발굴되고, 고민의 과정에서 창의적인 문제 해결의 시도가 이루어지기 때문이다. 반대로 사회나 기업 역시 학교를 적극적으로 활용하는 자세가 필요하다. 당장의 문제 해결에는 도움이 되지 않을 수 있으나, 장기적인 인력자본의 축적이라는 점에서 그리고 근본적인 변화나 혁신의 방향을 만들어낼 수 있다는 점에서 여전히 학교의 중요성이 크기 때문이다.

### 수요 환경의 구축

창의적인 인재가 활동할 수 있는 수요 환경의 구축도 필요하다. 이

**주요 국가별 창조적 계층의 현황**

| 구분 | 아일랜드 | 핀란드 | 미국 | 스웨덴 | 러시아 | 독일 | 한국 |
|---|---|---|---|---|---|---|---|
| 비중 순위 | 1 | 9 | 11 | 12 | 16 | 19 | 38 |
| 비중(%) | 33.5 | 24.7 | 23.6 | 22.9 | 21.1 | 20.1 | 8.8 |
| 성장률(%) | 7.6 | 1.6 | -1.5 | 2.7 | -2.1 | 2.2 | 3.8 |

순위는 39개국 대상.
비중=창조적 직업 종사자/노동인구(테크니션 제외).
성장률은 창조적 계층의 연평균 증가.

자료: 러처드 플로리다, 《창조적 계급의 비행(The Flight of the Creative Class)》,
뉴욕: 하퍼콜린스 출판사, 2005(삼성경제연구소에서 재인용).

를 위해서는 창의성이 요구되는 일자리의 확대가 선결되어야 할 것이다. 삼성경제연구소(2007)의 연구에 의하면 우리나라의 창의적 직업 종사자는 전체 취업인구의 8.8%에 불과할 정도로 매우 낮다고 한다. 가장 높은 아일랜드가 33.5%, 미국이 23.6%, 독일이 20.1%라는 점을 감안하면 대략 우리나라의 수준을 짐작할 수 있겠다. 다행히 창의적인 인재의 증가율 면에서는 조사 대상 39개국에서 2위에 달할 정도로 빠른 증가를 보이고 있다고 한다.

여기서 창조적 계층(창조적 직업 종사자)라고 하면 건축가, 인테리어 디자이너, 엔지니어, 과학자, 예술가, 작가, 고위층 관리자, 기획 및 분석가, 재무·법·의료·건강 전문가 등을 이른다고 한다. 광의로 보면 지식을 기반으로 한 산업이 대상이 될 수 있겠다. 이런 점에서 보면 부가가치의 확대 측면에서 창의적인 인재가 일할 수 있는 직종과 산업의 확대를 위한 산업 정책 전반의 재검토도 필요하다.

# 4

## 창조적 성장을 위한 신투자

**기존 투자의 한계**

**설비투자를 통한 성장의 한계**

우리나라는 1960년대에 정부 주도로 경제개발에 착수했다. 강력한 정부의 리더십과 결합된 기업의 설비투자 등 유형자산 투자는 경제성장에 크게 기여를 했다. 또한 생산공정 혁신을 위한 시스템 구축과 이를 묵묵히 실행해낸 우수한 인력들의 힘으로 우리나라는 1997년 외환위기 직전까지 30년 동안 연평균 8~9%의 경제성장을 해왔고, 1인당 국민소득 1만 5천 달러 시대에 이르렀다. 부족한 기술은

**설비투자의 성장 기여율과 변화 추이**

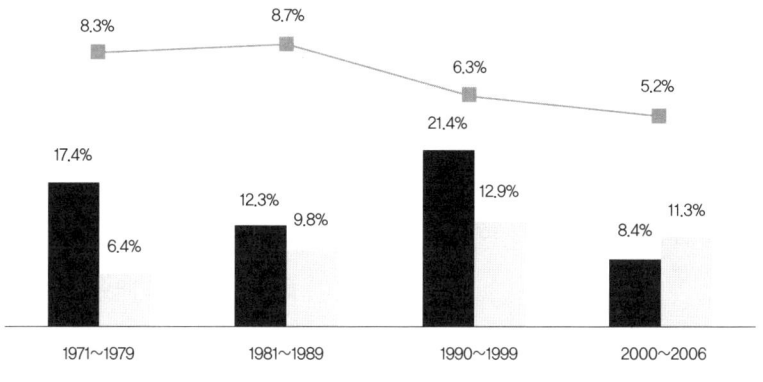

기여율: 경제성장률을 100으로 보았을 때 설비투자가 성장에 기여한 비율.
시기별 기여율과 성장률은 해당 시기 연도별 값의 단순 평균.
1980년은 급격한 성장 감소에 따른 데이터 왜곡을 고려하여 제외.

해외에서 도입되었고, 기업들은 자회사 혹은 계열사를 확장해가며 기업의 규모를 키워 대기업 혹은 재벌 기업으로 성장했다.▪ 이 과정에서 기업들은 첨단기술개발이나 창조적 혁신, 새로운 비즈니스 모델 구축보다는 막대한 자금력과 정부 지원을 토대로 설비투자 확대에 따른 규모의 경제를 바탕으로 한 성장 모델을 추구해왔다. 즉 선진국들이 이미 개발한 기술을 토대로 세계시장에서 상품화된 제품을

▪ 김수삼 외, 《다시 기술이 미래다》, 생각의 나무, 2005.

보다 효율적으로 생산함으로써 지속적인 성장과 수출을 확대하여왔다. 선진국에 비해 임금수준은 낮지만 우수한 노동력과 미국, 일본, 독일 등으로부터 수입한 첨단 설비가 우리 산업의 경쟁력을 유지하는 데 결정적인 역할을 했다.

그러나 양적인 성장 모델은 이제 한계에 부딪히고 있다. 앞의 도표에서와 같이 이제는 설비투자를 국내총생산 대비 11% 정도로 늘려도 경제성장에 기여하는 정도는 과거에 비해 둔화되었다. 소위 생산요소 투입의 증가를 통한 성장은 크게 둔화되고 기술혁신에 의한 성장이 큰 비중을 차지하기 시작하였다. 더욱이 90년대 이후 값싸고 풍부한 노동력을 토대로 한 후발 개도국들의 추격으로 생산원가 중심의 글로벌 경쟁력은 크게 타격을 입기 시작하였다. 또한 글로벌시장에서 우리 산업의 위상이 높아지면서 기술이전 등에 대한 선진국들로부터의 견제가 강화됨에 따라 독자적인 기술의 확보가 더욱 중요하게 되었다.

**위축된 기업가정신**

한국의 기업가정신은 1960~1970년대에 가장 왕성했다. 정부의 일관된 경제성장 정책과 강력한 수출 및 금융 지원 정책을 바탕으로 성장 추구의 사회적 환경이 조성되었다. 이 시기에는 수출 지향적인 산업 및 중화학 기간산업 분야에서 기업가정신이 꽃피었고, 숙련되고 근면한 양질의 인력은 이런 기회를 실현시키기에 충분했다. 그러나 1980년대의 정치·사회적 전환기와 1990년대 말 IMF 경제위기

**기술 관련 중소기업 전년비 증감률(%) 비교**

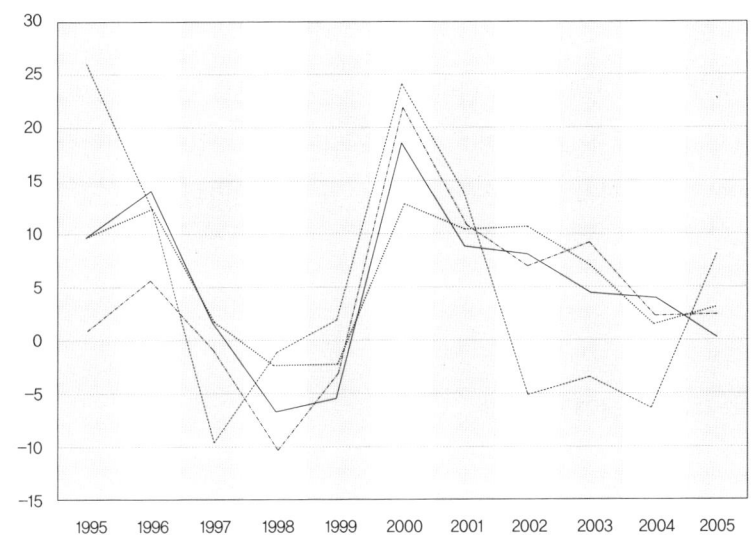

컴퓨터 및 사무용 기기
전기기계 및 전기 변환장치
전자 부품, 영상, 음향, 통신 장비
의료·정밀·광학 기기 및 시계

출처:중소기업청

때는 사회·경제적인 어려움 속에서 창업정신 또한 크게 위축되었다. 다행히 2000년대 들어서면서 벤처 정책 및 벤처캐피탈, 코스닥 육성 정책에 힘입어 외환위기 때 발생한 대량 실업에 따른 유휴 인력들을 중심으로 창업 붐이 일어났다. 이 시기에는 IT와 벤처 중심의 기업가 정신이 왕성했다.

그러나 2002년 이후로 벤처 버블이 붕괴되면서 한국의 기업가정신이 약화되기 시작했다. 도표에서와 같이 창업 및 공장 설립 수가 감소하고 부가가치 창출이 약화되었다. 이는 기술, 금융 등 창업 인프라도 취약하고 불확실성 증가에 따른 투자 위축으로 설비투자율 하락 및 잠재성장률이 하락되기 시작한 결과로 판단된다. 또한 반(反)기업 정서, 노사관계 불안, 대기업과 중소기업의 불건전한 기업관행 등 사회적 분위기도 기업가정신을 약화시키는 요인으로 작용했다.

## 투자의 신개념 정립

### 투자 개념의 전환

다가올 수십 년은 무한 경쟁의 시대이며 새로운 방식에 적응하지 못하는 기업은 더 이상 살아남을 수 없을 것이다. 과거에 성공한 방식이 더 이상 유효하지 않을 수 있고, 해외에서 성공한 방식이 한국에서는 통용되지 않을 수 있다. 소득 1~2만 달러 시대에 우리나라는 모방·추격형 투자에 집중하고, 비용 측면에서 효율적인 대단위 운영 및 판매에 의존했다. 또한 제조업 중심의 하드웨어 설비투자에 근거한 양적 성장과 위험을 회피하는 단기 업적 위주의 투자를 지향해왔다. 이는 선진국들이 이미 상품화에 성공한 분야에 대해 투자함으로써 기술적 리스크가 적고 시장성도 이미 어느 정도 보장된 상황이기 때문에 단기간에 수익성의 확보가 가능했다.

**투자의 구조적 전환**

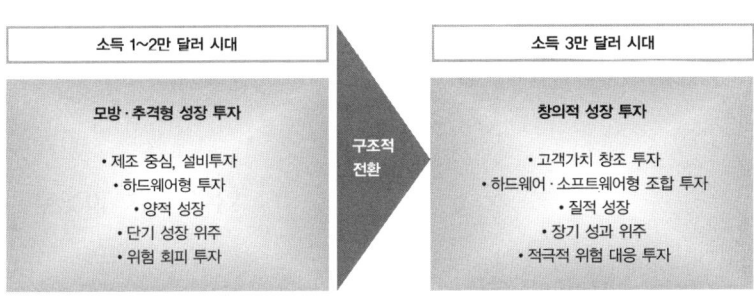

그러나 이제 하드웨어는 물론 소프트웨어형 투자에 근거한 질적 성장을 추구해야 한다. 제조업뿐만 아니라 서비스업에 대한 투자를 늘리는 것도 중요하다. 창의적이고 혁신적인 가치 창출을 위해서는 위험을 회피하기보다는 위험을 극복할 수 있는 역량을 키워야 한다. 이를 위해서는 투자 회임 기간을 장기로 바라볼 수 있는 긴 호흡의 시각이 필요하다.

창의적 성장을 위한 가장 대표적인 전략은 연구개발 투자의 증가이다. 각 국가들은 창의적 성장을 위해 연구개발 투자를 늘려왔다. 우리나라도 기술혁신을 통한 성장을 위해 국내총생산 대비 연구개발 투자를 지속적으로 늘려왔으며, 결과적으로 국내총생산 대비 연구개발 투자의 비중(연구개발 집중도)이 최근 3%를 넘어 일본 등 선진국 수준에 이르렀다. 그러나 다음 도표에서와 같이 1991년부터 2005년까지의 16년간 각 국가별 누적 연구개발 투자 규모를 보면 투자의 절

**주요 국가 누적 연구개발 투자 비교(1991~2005)**

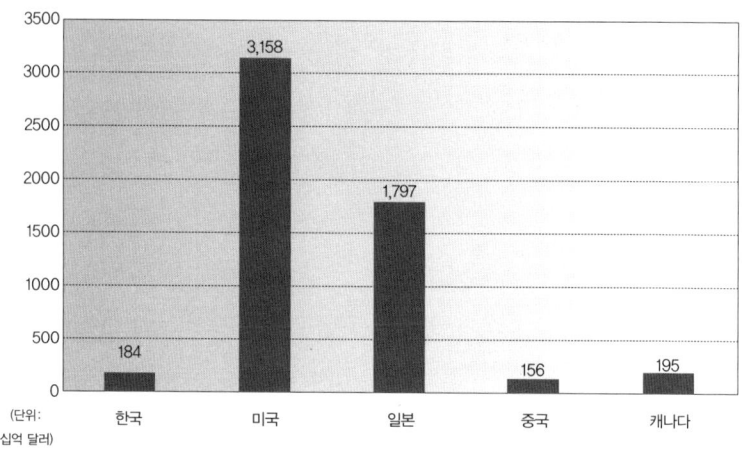

미국·일본은 2004년까지의 누적 금액.
출처: 산업연구원

대적 규모에 있어서 미국의 1/17, 일본의 1/10 수준으로 매우 적음을 알 수 있다. 연구개발 투자의 성과는 매년 이루어지는 투자 규모에 크게 좌우되지만, 장기적으로는 지금까지 축적된 연구개발 자산도 무엇보다 중요하다. 누적 규모가 선진국에 비해 크게 부족한 우리의 입장에서 선진국을 따라잡기 위해서는 매년 투자되는 연구개발 비중을 선진국 수준 이상으로 확대해야 할 것이다.

또한 연구개발 비용을 지속적으로 늘리는 것도 중요하지만 미국과 일본보다 경제 규모가 작은 우리나라의 입장에서는 선택과 집중을 통한 보다 전략적 투자를 통해 투자 효율성을 높일 수 있다. 창조적 성장의 해법을 '고객가치 창조'에서 찾는 것도 효과적인 전략이다. 예를 들면 품질관리나 개선보다는 멋진 디자인, 고객의 감동을 자아내는 고객가치 창조가 기업이 경쟁 우위를 확보할 수 있는 방법이다. 따라서 고객가치 창조에 중요한 역할을 하는 디자인 등을 연구개발로 인정해야 하며, 소프트웨어나 콘텐츠 개발 또한 연구개발로 인정되어야 한다. 다시 말해서 연구개발 개념을 서비스산업에도 폭넓게 도입해야 한다. 이처럼 투자의 신개념은 그 동안 제조업 중심으로 형성되어 있던 연구개발에 대한 개념을 수정해야 함을 의미한다.

투자 대상에서도 성장동력 창출을 위한 투자 분야의 다양화가 요구된다. 오늘날에도 주요한 국가 수출산업으로 자리매김하고 있는 섬유, 철강, 화학, 자동차, 전자, 반도체 등 주력산업이 2000년대 들어서 주요 투자 분야였던 IT, NT 등 첨단기술과 접목되어 변화하고 있다. 미래에는 환경과 관련된 기술이 성장의 주축이 될 것으로 예상된다. 따라서 우리는 기존의 기간 주력사업을 더욱 고부가가치화하고 IT, NT 등의 첨단기술과 융합된 에코(Eco)기술 분야에 투자를 늘려서 미래의 성장동력을 확충해야 한다.

**창의적 성장을 위한 기업문화의 개조**

새로운 투자 개념이 구현되기 위해서는 기업문화가 바뀌어야 한다. 경영자는 조직은 물론, 조직원 개개인이 창조적 역량을 강화할 수 있도록 업무환경을 조성해야 한다. 개개인이 창조적이려면 개인의 업무에서 분명한 목표의식과 주인의식을 가질 수 있어야 한다. 평

**투자 대상의 다양화와 전환**

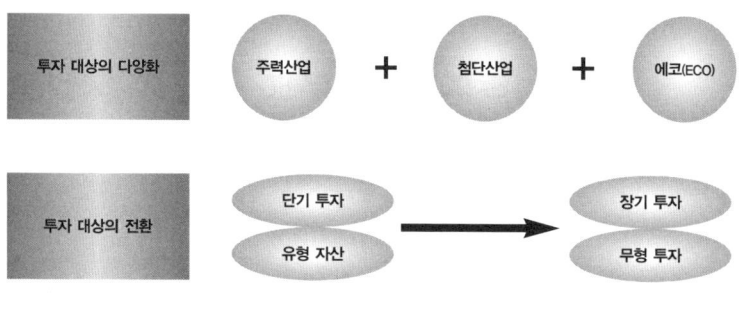

생학습을 통해 자신의 역량을 지속적으로 향상시키려는 노력도 요구된다. 경영자는 명확한 회사 비전을 제시하고 개인의 꿈을 존중하여 조직원이 열정을 가지고 일할 수 있도록 한다. 이를 위해 개인과 개인, 집단과 집단의 지적 충돌이 토론을 통한 문제의 해결로 이어질 수 있도록 열린 토론 문화를 구축하고, 이를 지식경영의 과정이 되도록 해야 한다. 조직원 개인을 믿고 일을 맡기고 결과를 올바로 평가하고 보상할 수 있어야 한다. 롤프 옌센(Rolf Jensen)의 말처럼 "고객이나 10년 뒤 기업 모습을 그리면서 꿈과 열정이 담겨 있는 '정말 이거다' 싶을 정도의 확신과 느낌, 즉 감성을 제품에 담아낼 수 있어야 한다"는 것이다.■

---

■ 〈세계지식포럼〉, 매일경제신문, 중앙일보 기사, 2007.

또한 투자의 신개념이 정립되고 성과를 이루기 위해서는 창의적 사고를 가진 우수한 인력의 확보가 무엇보다 중요하다. 엔지니어나 경제·경영 전공자들의 역할도 여전히 중요하지만, 창의적 성장을 위해서는 인문학적 지식을 가지거나 상상력이 풍부한 인력의 확보가 결정적이다. 기획이나 영업 분야는 물론 심지어 연구개발 부서에도 이와 같은 인력들이 참여할 수 있는 기업문화가 필요하다. 최근 '튀는 마이너리티의 혁명'이라는 개념이 부각되는 것처럼 지나치게 경직된 관리 중심의 기업문화를 탈피하여 다양한 사고를 받아들일 수 있는 유연성 있는 조직문화가 조성되어야 한다. 창의적인 소수들이 회사 내의 집단적 사고에 대응하여 조화를 이룰 수 있어야 하고, '실패도 자산이다'라는 기업문화가 형성되어야 연구개발 투자를 통한 혁신적인 성과를 기대할 수 있다.

### 기업의 성장 경로의 다양화

과거 기업은 창업과 성장을 위주로 운영되어 왔다. 그러나 이제는 창업과 수성(守成)만이 아닌 인수합병(M&A)에 의해서도 기업은 성장할 수 있다. 그러므로 인수합병이 중요한 투자 형태의 하나로 인식되어야 한다. 기업간의 인수합병을 통한 기업 확장, 기업 분할, 자본 재편성, 지배권 변경, 심지어 자사주 매입 및 상장 폐지 등 광범위한 비즈니스 활동을 할 수 있다. 다음 표에서와 같이 과거에는 인수합병이 경영진의 이익 추구, 특정 기업의 주가 부풀리기, 다른 기업의 탈취 등 부정적인 이미지를 지니고 있었다. 그러나 이제는 기업이 주체

**기업간 인수합병에 대한 패러다임 변화**

|  | 1~2만 달러 시대 | 3만 달러 시대 |
|---|---|---|
| 이미지 | 부정적<br>• 경영진의 이익 추구<br>• 특정 기업의 주가 부풀리기<br>• 다른 기업의 탈취 | 긍정적<br>• 기업 성장의 전략적 도구<br>• 기업 경쟁의 강화 수단<br>• 시너지 창출을 통한 상호 이익 |
| 주체 | 정부/대기업 | 대기업/중소·벤처기업 |
| 지역 | 국내 | 글로벌 |
| 시기 | 기업의 특수 상황 시 | 평상시 |

가 되어 평상시에도 필요에 따라 인수합병을 기업 경쟁력 강화 수단 및 기업 성장의 전략적 도구로 활용해야 한다. 세계 최대의 철강 그룹인 인도의 미탈(Mittal) 그룹은 제철소를 직접 세우지 않고 전략적 인수합병을 통해 글로벌 철강기업으로 성장했다. 잭 웰치(Jack Welch)가 이끌던 제너럴일렉트릭사도 시장 1, 2위가 아닌 사업부는 매각하고, 성장성이 높은 다른 사업을 인수하여 세계적 기업으로 성장시켰다. 시스코 시스템즈(Cisco Systems)는 수많은 혁신적 벤처기업을 인수합병하여 거대한 IT기업군을 만들었다.■ 이 과정에서 벤처기업의 창업자들은 혁신적 아이디어와 지적 자산에 대한 충분한 보

---

■ 〈중소기업 돌파구, 성공적인 인수합병〉, mbn 방송 내용, 2007.

상을 받았다. 이러한 대기업, 중견 기업, 벤처기업 간의 인수합병은 숱한 실리콘 밸리의 신화를 낳았다.

국내 대표적 인터넷 경매 사이트인 옥션(Auction)과 해외의 대표적 인터넷 경매 사이트인 이베이(ebay) 간에 이루어진 인수합병은 해외 기업과 국내 기업 간 인수합병의 대표적 사례이다. 제조업 분야에서도 호출기 업체로 출발한 팬텍이 큐리텔을 인수하여 세계 10대 핸드폰 업체로 성장하기도 하였다.■

그러나 숫자의 증가에도 불구하고 국내에서 시도된 대부분의 인수합병은 구조조정, 기업의 우회 등록 등 시장의 유동성을 부여하기 위한 측면이 주류를 이루는 것으로 알려져 있다. 아직도 우리나라는 인수합병에 대해서 경험이 부족하고, 인수합병의 주요한 주체인 중소·벤처기업은 물론 언론과 사회도 인수합병에 관해 부정적인 인식이 강하다.

혁신적 중소·벤처기업이 새로운 아이디어를 가지고 새로운 시장을 창출하여 시장 규모가 확대되면 대기업이 막강한 자본력과 브랜드를 가지고 시장에 진입하였다. 대기업은 혁신 중소·벤처기업의 아이디어와 지적 자산에 대해 인정하고 가치를 평가해주는 인수합병보다는 그룹 내의 계열사 혹은 자회사 등에서 직접 사업화하는 경향이 있었다. 그래서 중소·벤처기업은 대기업이 관심을 적게 갖게 될 틈새 분야에서 사업 기회를 찾거나, 경쟁이 예상될 것 같으면 피할 수

---

■ 〈중소기업 돌파구, 성공적인 인수합병〉, mbn 방송 내용, 2007.

있는 다른 사업 분야를 찾거나, 대기업의 계열사로 편입되는 방법을 추구해야 한다는 생각이 있었다. 이러한 대기업의 시장 진입은 중소·벤처기업 창업자들에게 피해의식으로 작용하고, 이러한 피해의식이 인수합병은 무조건 적대적이고 남의 회사를 빼앗아가는 것이라 생각하는 경향을 만들었다.

자본시장의 벤처캐피탈도 장기적 관점에서 혁신형 기업에 큰 금액을 전략적으로 투자하고, 기업이 인수합병을 할 수 있도록 전략적 지원을 하기보다는 코스닥 등록이 가까운 기업들을 중심으로 여러 기업에 크지 않은 금액을 투자하여 회수 기간을 줄이고 투자 기업의 숫자를 늘림으로써 리스크를 줄이려 하였다.

언론에서는 인수합병을 통해 보상을 받게 될 창업자를 칭찬하거나 장려하는 데 소극적이어서 인수합병을 통해 자신이 창업한 기업을 매각하는 창업자를 '먹튀(먹고 튀었다)'라는 시각으로 바라보는 사회적 인식을 없애지 못했다. 정부에서도 인수합병 관련 규제를 해소하지 못해 인수합병시장 활성화를 적극적으로 지원하는 데 미흡했다.

해외 기업과의 협업도 하나의 생존 전략 및 신성장동력으로 인식해야 한다. 해외 기업과의 인수합병을 통해 글로벌 스탠다드의 인수합병 방식이 국내 시장에도 전파되어 국내의 대기업들도 그 기준을 따르도록 적극적으로 사고하고 실행해야 한다. 금융권은 자본시장 활성화를 통해 인수합병 활성화를 위한 주도적 역할을 해야 한다. 인수합병을 성공적 사례로 평가할 수 있어야 한다. 회사를 팔고 재창업하거나 은퇴하여 멋있게 사는 것을 성공으로 인정할 수 있어야 한다. 인수합병이 활성화되면 기업가정신도 고양된다. 좋은 아이디어를 가지고 회사를 창업해서 어느 정도 경쟁력을 확보한 뒤, 경영 능력이 강한 기업에게 이를 매각하면 기업도 살고 창업자도 큰 보상을 받는다. 한두 가지 특정한 아이디어로 창업한 벤처기업은 조직, 자금 등의 한계로 인해 내부 에너지만으로는 성장하는 데 어려움을 겪을 수도 있다. 창업한 인재들이 인수합병을 통해서 회사를 매각하고 성과를 충분히 보상받고, 또 다시 창업을 하는 선순환 구조를 통해 중소·벤처기업은 경쟁력과 시장 지배력을 높일 수 있다.■

## 신개념 투자를 위한 정부의 리더십 강화

### 창조적 연구에 투자 집중

정부의 연구개발 투자에서 원천기술이 응용기술로 전환되기 위한 목적 지향적인 기획과 관리가 부족했고 이 같은 전환을 위한 지원 체제도 미흡하여, 응용 분야 발굴 또한 연구자에게 맡기는 경우가 대부분이었다. 결과적으로 연구 결과가 성장엔진으로 전환되는 확률이 낮았다. 이제는 국가 연구개발 투자를 추진함에 있어서 창조적인 원천기술이 파급효과가 큰 성장 원천으로 활용될 수 있도록 기술개발, 투자 정보, 투자 고리를 만들고 원천→개발→응용에 대한 기능별

■ 박현주, 〈세계화와 한국 금융의 패러다임 시프트〉, 〈CEO 포럼〉 강연 내용, 2007.

특성화가 필요하다.

  이를 위해 첫째, 정부의 연구개발을 핵심 원천기술 개발, 응용기술화, 양질의 지적 재산권화 그리고 사업화 등으로 약간의 중복은 있더라도 개략적인 기능별 분화를 하고 예산 또한 이러한 원칙으로 배분하는 것이 필요하다. 둘째, 각 기능별로 창조지수를 도입해서 종래의 성공률, 산업화 성공률의 개념을 탈피하여 창조율을 중요한 성공 요인으로 간주한다. 셋째, 단기적 연구개발을 줄이고, 중·장기형, 위험 감수형 그리고 파급효과가 큰 연구개발로 전환한다.

  대학의 원천기술과 지식, 국책연구소의 원천기술을 응용기술로 전환하는 정책을 강화해야 한다. 예를 들면, 응용기술 개발을 목적으로 하는 연구센터가 원천 과학기술 연구개발을 목적으로 하는 연구센터의 연구 결과를 얼마나 응용기술로 전환하였는가, 연구 결과가 얼마나 원천성 가치가 있는가를 중요 평가지표로 활용할 수 있다.

  각 교수의 연구실 위주로 운영하는 연구실 제도를 일정 비율을 중·대형 크기의 연구센터나 연구소로 개편하는 노력도 필요하다. 성공 요인을 개발하여 연구센터 지원의 평가지수로 연계 활용할 수 있다. 대학 및 국책연구소의 연구실을 목적 지향적(성장에 기여) 원천기술(창조)에 집중하기 위해서 전국적으로 대학에 100개 '창조성장센터'를 운영하는 방안을 생각할 수 있다. 즉 대학에 난립하고 있는 여러 가지 연구소들을 창조성장센터로 집단화한다. 성공 요인으로는 소장의 리더십과 확실한 책임과 과실의 보장, 창조성, 외부 네트워크 강화 그리고 소속 조직(대학)의 지원을 좀 더 실질적이고도 창조적으로 설정하는 것이 중요하다.

창조적 성장을 위해서 테크노 파크 등을 창조기술의 '전진기지'로 활용한다. 대학과 국책연구소의 창조성장센터의 연구개발 결과를 산업화하기 위해 정부·기업·사회 자금이 투자되고, 국제적인 네트워크(마케팅 포함)센터로 활용한다. 결국 국가의 성장 중 많은 비율을 지식산업이 차지해야 하고, 이 지식산업과 시장 논리에 의해서 비즈니스가 전개되는 패턴을 유지해야 할 것이다.

연구개발의 외국시장 개척을 위해서 지역적인 기능 분화를 전략적으로 하는 것이 중요하다. 예를 들면, 원천기술이 있으면서 응용기술 및 마케팅이 느리거나 부족한 유럽과 초기부터 제휴하고 시장과 마케팅과 자금이 풍부한 미국, 미래시장인 아시아 등과 기능적으로 제휴하는 전략이 필요하다. 전략적인 연구개발 국제화의 한 예로 한 건물(혹은 종합 건물)내에 기능별로 입주한 창조 연구개발센터를 생각힐 수 있다. 이러한 센터에는 외국 연구개발 회사가 매력적으로 느낄 수 있는 국내 시스템 회사가 입주해 있고, 국내 전략부품 회사가 같이 입주해 있으면서, 국제 네트워크를 만들 수 있다. 이렇게 함으로써 국내의 강점을 살리면서, 외국의 수준 높은 연구개발을 도입할 수 있는 방안도 가능하다.

미래 분야를 활성화하는 정부의 역할로 '테스트베드' 도입을 권장한다. 예를 들어, 미래 전략 분야의 하나로 '개인 맞춤형 의료 테스트베드'를 고려할 수 있다. 이는 개인의 게놈이나 빠른 개인 진단을 통해서 언제 어디서나 진단과 처방을 할 수 있는 시스템을 말한다. 기술적으로는 이미 3천 달러에 게놈을 분석해주는 칩 회사들이 생겼고, 구글 등도 정보 분석을 위한 사업을 시작하였다. 그리고 맞춤형 시약 개발이나 처방이 가능해졌다. 이러한 환경 아래서, 우수한 임상 경험과 인력을 갖추고 있는 우리나라의 가능성은 무한하다. 그러나 의료보험 등 법체계의 미흡, 오래 걸리는 FDA 승인 절차, 연구계와 병원과의 공동 연구개발 미숙 등에 의해서 미래 지향적 의료사업에서 뒤쳐질 가능성이 있다. 정부는 개인 맞춤형 의료 테스트베드를 시범적으로 운영하여 '언제 어디서나(ubiquitous) 의료 서비스'의 조기 정착과 이를 세계시장으로 전파하도록 한다.

**규제 완화 및 관련 제도의 정비로 투자 마인드 고취**

정부는 기업이 투자의 개념을 전환하는 데 장애가 될 수 있는 규제나 법 제도 등을 과감히 개혁해야 한다. 예를 들면, 우리나라의 경우 강한 IT기술을 바탕으로 와이브로를 만들었다. 이제 이 와이브로를 다른 기술로 확대해야 하는데, 국내는 각각의 기술개발법들이 따로 제정되어 있어 다른 기술 분야에 대한 확대 투자가 어려운 실정이다. 소프트웨어에 대한 가치평가에 투입된 인력과 투입한 시간만을 고려하여 산출하는 방식이 아직도 통용되고 있다. 이렇게 해서는 무형적인 투자 부분에 대한 가치를 평가하기가 어렵다. 건축 부분에 있어서도 현행 제도하에서는 설계와 시공을 동시에 하기가 어렵다. 방송·통신 융합에 관한 규제와 제도에 있어서도 포괄적인 개혁이 필요하다.

한국의 경쟁력은 조선·반도체·IT·디스플레이·자동차·화학·정유 산업 등의 분야에서 글로벌시장에서 경쟁력 있는 대기업을 보유하고 있는 것이다. 대기업들이 보유한 거대 자본을 창조적 성장을 위한 연구개발 투자에 활용할 수 있도록 유도해야 한다. 예를 들면, 국내 대기업의 다각적인 사업 영역에 대한 출자 제한에 관한 규제도 완화될 필요가 있다. 특히 신수종(新樹種) 사업 분야에 출자할 수 있도록 규제를 완화하여 대기업의 자본, 조직력, 관리 능력 등이 잘 활용될 수 있도록 해야 한다. 우리 대기업들은 국내에서만이 아니라 국제적으로도 위상이 강화되었고, 국제적인 네트워크도 잘 형성되어 있다. 이러한 네트워크는 국가의 보이지 않는 자산(intangible asset)이다. 이제 대기업들은 국내의 좁은 무대가 아니라 국제적인 시장에서 마음껏 활동할 수 있도록 불필요한 규제들을 완화시켜주어야 한다.

한편 규제 완화와 더불어 새로운 규제의 도입 및 규제의 강화를 통해 연구개발시장을 확대하고 국내 수요를 확장시킬 필요성도 있다. 규제 완화를 통해 새로운 기업들이 진입하여 새로운 서비스를 제공하거나 기업들긴의 경쟁이 촉진되어 품질 및 기술이 향상될 수 있고 소비자 선택의 폭이 넓어질 수 있다. 또한 환경 및 안전 등에 관한 규제를 강화함으로써 새로운 상품 및 서비스가 제공될 수 있고 강화된 규제를 충족시키기 위해서 기업이 연구개발 투자를 증가시킴으로써 글로벌시장에서 우리의 기술 경쟁력이 향상될 수 있다. 특히 정보통신, 생명공학 등 신기술 분야에서는 새로운 규범의 확정 및 표준의 확정으로 수요시장이 급격히 팽창할 수도 있다. 어떤 기능과 조건의 제품이 거래될 것인가에 대한 시장 규칙을 확립시킴에 따라 수요 방향이 파악될 수 있고, 따라서 기업들이 투자 방향을 확정하여 본격 생산 및 공급을 할 수 있게 된다.

### 혁신형 중소·벤처기업의 성장 생태계 조성

기술이 빠르게 변화하는 경영환경하에서는 기존에 존재하던 일자리가 없어지고 새로운 일자리가 창출되는데 이러한 변화에 빠르게 적응하는 유연성의 발휘에는 중소·중견 기업이 더 유리할 수도 있다. 지난 1997년부터 2003년까지 대기업의 고용은 127만 명이 감소한데 비해 같은 기간 중소기업의 고용은 220만 명 증가했다. 다수의 혁신 선도형 기술을 가진 중소·중견 기업을 활용해 독일과 일본은 높은 생산 비용에도 불구하고 건실한 성장을 이룩할 수 있었다.

혁신형 중소기업이 중견기업, 나아가서 대기업으로 성장하기 위해서는 기술개발 이외에도 개발된 제품을 생산으로 연결시켜야 하고, 생산된 제품으로 시장 진입을 해야 한다. 이를 위해서는 생산 시설과 마케팅이 필요하고 이는 막대한 자금과 노하우를 필요로 한다. 이러한 능력은 주로 대기업이 가지고 있다. 또한 기술의 융합으로 기술 자체가 점차 복잡해지고 변화의 주기가 빨라지며 업계간 경계가 사라지는 기업환경하에서는 어느 한 기업 혼자서 모든 것을 하기는 어려운 일이다. 혁신을 활성화하기 위해서는 이해관계자와 공동 노력을 통한 공동선(善)의 추구 및 이에 대한 보상 메커니즘이 확립되어야 한다. 특히 기업가정신에 대한 보상 메커니즘이 강화되어야 혁신을 추구하는 기업가정신이 고양된다.

대기업은 국내의 혁신형 중소·벤처기업에 대해서도 협업의 문화를 고양하고 그 기업이 창출한 지적 자산에 대해 인정하고 정당한 대가를 지불하고 협업을 추구해야 할 것이다. 혁신형 중소·벤처기업은 이용당할까 걱정하지 말고 국내 대기업이나 해외 기업과 협업을 시도해야 한다. 창업자는 '내 회사'라는 좁은 시각에서 벗어나서 기업의 생존과 성장을 위해 열린 사고를 해야 한다. 창업에 대한 성과를 보상받는 것을 자랑스럽게 생각하고, 또 다른 창업을 하고 혁신을 추구하는 기업가로 거듭나야 한다. 정부에서는 규제 완화는 물론 개인의 인권위원회에 해당하는 가칭 '기업권위원회'를 구축하여 혁신형 중소·벤처기업이 공정한 대가를 받을 수 있는 토대를 구축해야 한다. 더 이상 피해의식으로 인해 혁신형 중소·벤처기업이 대기업과의 협업에 대해 소극적이 되고, 그 결과로 기업가정신이 말살되어서는 안 된다.

기업가정신이 고양될 수 있는 '기업 성장 생태계'는 대학의 지식이 투자와 마케팅 그리고 양질의 IP(Internet Protocol, 인터넷 프로토콜)를 생산할 수 있는 시스템 그리고 이렇게 탄생한 중소기업과 대기업이 서로 상생하는 선순환 시스템을 지칭한다.

**신기술 분야에 대한 정부의 선제적 투자**

창조적 성장을 통해 산업구조를 고부가가치화 하기 위해서는 새로운 유망 산업을 발굴하고 새로운 기술에 대한 선제적 투자를 통해 국가가 기술개발의 리더십을 강화하여야 한다. 미래기술에 대한 신뢰할 수 있는 정보를 지속적으로 제공함과 동시에 리스크가 큰 원천기술에 대한 투자를 통해 민간 연구개발 투자의 확대를 유도할 수 있다. 또한 대학, 연구소 등 연구개발 주체들의 혁신 역량을 강화하고 동기 부여를 위한 투자를 통해 연구개발의 성과를 높이는 노력이 필요하다. 연구개발 투자를 연구개발 주체들간에 전략적으로 배분하고 주체들간의 기능적인 역할의 차별화를 유도하여야 한다. 중앙정부와 지자체, 민간과 공공 부문 간에 연구개발 투자의 배분이 차별화되어야 하며 유사·중복적인 투자를 최소화할 수 있도록 정부의 조정·관리가 필요하다.

선진국들에 있어서 기술개발에 대한 정부의 역할은 국가에 따라 다소 다른 형태를 보이고 있다. 미국은 국방성, 국립보건원, 항공우주국(NASA) 등을 통해 엄청난 규모의 연구개발 자금이 직접 투자되고 있지만, 자본시장을 통한 시장친화적이고 민간 중심의 연구개발 투자 시스템도 매우 발달되어 있다. 일본은 신기술 분야에 대한 매우 전문성 있는 정보를 국가가 제공하고 대학의 경쟁력 강화, 혁신 창출 시스템의 다양화 등에 대한 투자를 확대하고 있다. 영국은 자본시장 활성화, 기초과학기술 육성, 상용화 및 기술이전 지원 등을 개선하는 데 투자의 초점이 맞춰져 있다.

신기술 분야에 대한 투자에도 기술적인 특성, 관련 인프라의 수준 등에 따라 차별화된 투자 전략이 필요하다.▪ 기술개발의 리스크가 큰 원천기술이나 기술적 파급효과가 큰 기반기술 분야에 정부의 연구개발 투자가 집중되어야 하며, 특히 단기간에 가시적인 성과가 나타나기 어려운 기술인력의 양성에서 정부의 역할이 중요하다. 반면

▪ 송병준 외, 〈2020 유망 산업의 비전과 발전 전략〉, 산업연구원, 2006.

**국민소득 향상과 글로벌화에 따른 기업가정신의 패러다임 전환**

|  | 1~2만 달러 시대:전통적 기업가정신 | 3만 달러 시대:혁신적 기업가정신 |
|---|---|---|
| 방식 | 창업 | 창업, 인수합병 |
| 투자 | 설비투자 | 연구개발 투자 |
| 동인 | 애국심, 사명감, 가문 번성 | 창의성, 윤리 경영, 보상 및 사회 공헌 |
| 지향점 | 사업보국, 수출입국 | 기술혁신, 신시장 창출 |
| 기술 | 기술 수입, 계열사 확대 | 기업간, 다학제간 협업 추구 |
| 사례 | 정주영, 이병철 등 | 한국판 에릭 슈미트, 한국판 스티브 잡스 등 |

기술의 변화 속도가 빠르고 선진국과의 기술 격차가 적은 분야는 가능한 민간의 연구개발 투자를 유도하는 정책적 지원이 효과적이다.

### 창조적 기업가정신 함양

1인당 국민소득 3~4만 달러를 달성하기 위해서는 사회, 경제, 기술 전반의 변화와 혁신이 요구되는 것처럼 기업가정신 또한 1~2만 달러 시대의 전통적 기업가정신과는 다른 유형이 요구된다. 시대에 따라 산업 및 기업의 발전 단계에 따라 CEO의 역할이 진화되어 왔다. 위의 표에서 예시된 바와 같이, 애국심과 사명감으로 사업보국

(事業報國)을 위해 해외 수출을 늘려가는 전통적 기업가정신은, 이제 창의성과 연구개발에 기초한 기술혁신을 통해 과거에는 존재하지 않던 신시장을 창출해나가는 혁신적 기업가정신으로 진화해야 한다. 과거에 성공 요인으로 작용했던 기업가정신 전반에 대한 패러다임 전환이 요구된다. 인재 확보와 후계자 양성에 탁월한 능력을 갖추고, 조직에 창조적 영감을 부여하고 글로벌시장을 개척할 수 있는 능력을 지닌 '창조형 CEO'가 필요한 시점이다. 현재의 보유 역량을 능가하겠다는 적극적인 야심과 기존의 보수적인 경영 체질을 타파할 수 있는 강한 의지를 갖춘 기업가가 필요하다. 우리나라에도 창의적 혁신 기업가인 제2의 정주영, 제2의 이병철, 한국판 에릭 슈미트(Eric Schmidt)나 한국판 스티브 잡스 등이 탄생할 수 있는 토양을 마련해야 한다.

일반적으로 기업가정신의 고양을 위해서는 창업기반을 확충하고 규제 완화 등 각종 제도를 기업친화형으로 정비하여야 하며, 무엇보다도 기업가정신의 중요성에 대한 재인식이 필요하다.■ 기업가정신이 고취될 수 있도록 교육을 강화하고 사회가 이에 동참할 수 있는 분위기 조성도 필요하다. 또한 반기업 정서를 불식시킬 수 있는 환경을 조성하고 기업 스스로도 사회적 책임을 다하는 등 자기 혁신에 나서야 할 것이다.

■ 김종년 외, 〈기업가정신의 약화와 복원 방안〉, 삼성경제연구소, 2004.

# 5
# 효율 중심 시스템에서 효과 중심 시스템으로

**성장 패턴 변화로 새로운 시스템에 대한 요구 증대**

우리나라의 성장 패턴은 모방·이식형에서 기술혁신형을 거쳐 창조·육성형으로 변화해야 할 시점에 있다. 과거에는 선진국에서 이미 검증된 산업의 특정 사업 아이템을 벤치마킹하여 공장을 짓고 설비만 깔면 성장할 수 있었다. 풍부한 양질의 노동력을 바탕으로 일정 수준 이상의 제품을 만들어내기만 하면 날로 증가하는 국내외의 수요가 책임져주었기 때문이다. 자동차, 전자, 조선, 철강 등 우리 경제를 이끌어온 주력사업을 생각해보면 쉽게 이해할 수 있을 것이다. 이 과정에서 연구개발은 선진국 기술을 학습하거나 개량하는 역할을 수

행했다.

그러나 1990년대 들어서면서 이러한 성장 패턴에 빨간불이 켜지기 시작했다. 노동 투입이 감소하고 자본 수익률이 떨어지면서 모방·이식형 성장 패턴이 제대로 작동하지 않게 된 것이다. 기업들이 고민 끝에 찾아낸 새로운 성장방식이 바로 기술혁신형 접근이다. 우리도 선진국처럼 연구개발 투자를 통해 핵심·원천 기술을 확보한 다음 이를 사업화하여 성장하자는 것이다. 이러한 성장방식이 반도체, 디스플레이, 휴대전화 등에서 어느 정도 성과를 낸 것은 사실이지만 어디까지나 과거 주력산업 내에서 축적된 기술에 기반한 성과이거나 이미 확립된 아키텍처 내에서의 응용기술 성과로 부가가치 측면과 안정성의 측면에서 한계를 가지고 있었다.

이 시기 선진 국가 및 기업들은 고객가치로부터 시작하는 창조·육성형 접근을 통해 성장을 추구하고 있었다. 시장과 고객을 이해하여 진정한 고객가치에 대한 아이디어를 찾아내고 기술혁신만이 아닌 제품 혁신, 프로세스 혁신, 조직 혁신, 비즈니스 모델 혁신 등 다양한 혁신을 통해 이를 실현해 성장하는 방식이다. 애플의 아이팟, 구글의 검색 기반 광고, 도요타의 하이브리드 자동차 등이 대표적인 예라고 할 수 있다.

우리는 시장과 고객이 진정으로 원하는 것이 무엇인지에 대한 철저한 분석 없이 효율성과 기술적 능력만을 믿고 접근해서는 지속적인 성장을 장담하기 어려운 환경에 놓여 있다. 경쟁이 치열해지고 정보통신기술이 놀랍게 발전함에 따라 기업으로부터 소비자로 권력 이동이 빠르게 일어나고 있기 때문이다.

**성장 패턴의 변화**

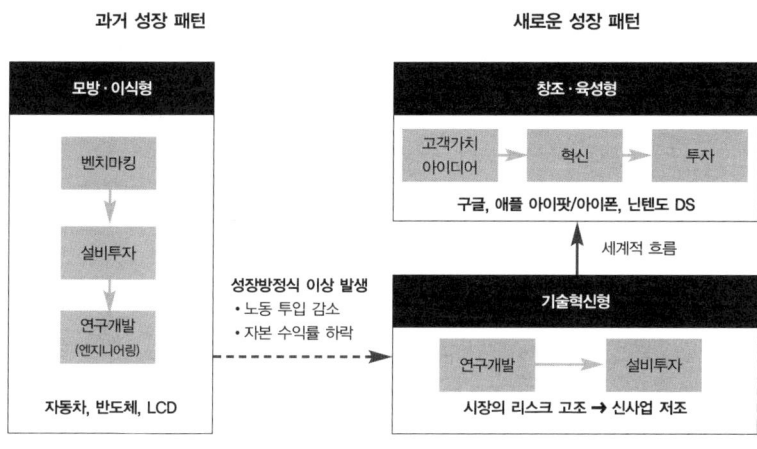

성장 패턴이 바뀌면 이에 맞게 시스템도 바뀌어야 한다. 모방·이식형 성장 패턴에서는 무엇을 해야 할지의 문제가 비교적 명확하다. 따라서 더 빨리, 더 많이, 오류의 최소화 등이 핵심적인 과제이며, 효율성을 높일 수 있는 시스템이 요구된다. 한마디로 효율과 관리가 중심이 되는 시스템이 필요한 것이다. 단기적, 부분적 성과가 중요하기 때문에 기업이나 정부는 유형자산과 인력을 잘 관리하고 통제해 성과를 극대화하면 된다. 공장, 설비 등 유형자산이 중요한 성장수단이다.

이에 반해 창조·육성형 성장 패턴에서는 해결해야 할 문제가 무엇인지 분명치가 않다. 문제를 식별해내는 것이 중요한 과제이며, 창의적으로 이를 풀어나가야 한다. 오류와 실패를 인정하여 이를 통해서

**효율 중심 시스템과 효과 중심 시스템 비교**

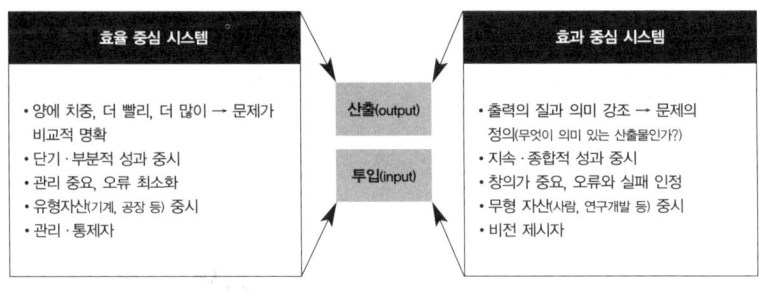

문제를 정확하게 찾고 해결할 수 있는 능력이 커진다고 믿는다. 우리는 이러한 과정이 원활하게 이루어지도록 창의·효과 중심의 시스템을 갖추어야 한다.

기업, 창조기반, 창업환경, 정부 등의 시스템에 대한 개혁 필요성이 높아지고 있는 이유가 바로 여기에 있다. 창의·효과 중심의 시스템에서는 정해진 시간에 얼마나 많은 성과를 내느냐가 아니라 얼마나 의미 있는 성과를 내느냐가 관심의 초점이며, 단기적 성과보다 종합적이고 지속적인 성과가 강조된다. 문제를 찾아내고 창의적으로 해결하기 위해 유형자산보다 무형자산이 성장의 핵심수단이 되어야 하는 것은 당연하다.

## 기업은 고객가치 관점의 시스템 확립

### 무형자산에 대한 투자 강화

기업은 제품 및 기술 중심의 시스템에서 탈피하여 고객가치로부터 출발하는 고객가치 중심의 시스템과 고객가치를 실현하는 혁신 체제를 구축해야 한다. 경쟁이 치열하고 고객의 정보력이 높아진 환경에서 제품이나 기술적 시각으로 접근해서는 지속적인 성장은 고사하고 생존마저 장담하기 어렵기 때문이다.

고객가치 중심의 시스템을 구축하고 작동하려면 진정한 고객가치가 무엇인지 찾아내고 이에 기반한 아이디어를 실제 가치로 전환시킬 수 있는 능력을 갖추는 것이 중요하다. 즉 고객가치를 찾아내는 가치 파악 능력과 이를 실제 경제적 가치로 실현할 수 있는 혁신 능력이 필요하다는 것이다. 이러한 능력은 공장, 설비 등의 유형자산을 통해 얻어지는 것이 아니라 창안자적 인재, 고객 및 시장에 대한 실질적 데이터를 수집, 처리, 해석하는 시스템과 아이디어를 실제 가치로 전환하는 시장 지향적 연구개발, 디자인, 브랜드, 파트너링 역량 등의 무형자산을 통해 얻어진다. 따라서 기업들은 무형자산에 대한 투자를 강화하고 제대로 활용할 수 있도록 하지 않으면 안 된다.

### 작게라도 일단 시작하는 기업문화

고객가치에 대한 아이디어를 찾아내고 이를 실제 가치로 전환하는

**고객가치 중심의 시스템**

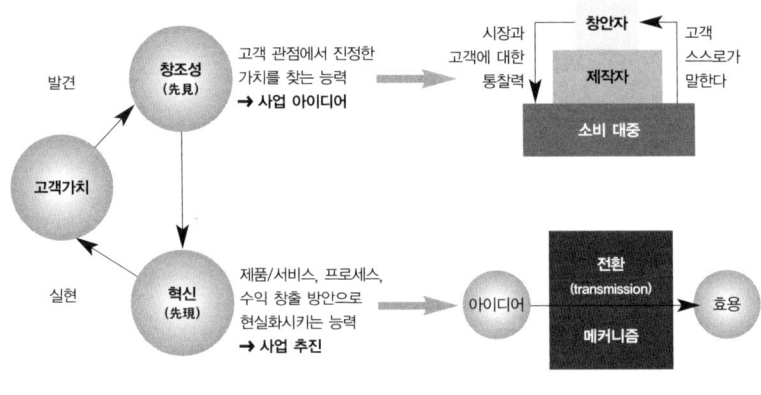

창조적 혁신을 잘 하려면 작게라도 일단 시작하는 기업문화를 뿌리내려야 한다. 고객가치는 본질적으로 통로 밖에서는 잘 보이지 않는 특징이 있다. 일단 문을 열고 안으로 들어가야만 통로가 어떻게 생겼고 어느 방에 내가 원하는 것이 있는지를 알 수 있다. 그렇기 때문에 진정한 고객가치를 찾아내기 위해서는 작게라도 일단 시작해보는 기업문화가 중요하다.

이와 함께 실패에 대해 자유롭게 이야기할 수 있는 풍토와 실패로부터 배우는 시스템이 확립되어야 한다. 효율 중심의 성장 패턴에서는 실패에 대해 말하는 것을 금기시하는 풍조가 있었다. 효율이라는 관점에서 보면 실패는 일종의 해악이기 때문이다. 추진 중인 일에 대해서는 실패 자체를 인정하지 않거나, 실패가 분명한 경우도 책임을 전가하기에 급급하기 일쑤이다. 이런 환경에서는 분명히 보이지 않는 가치를 찾고 실현하는 것이 어려울 수밖에 없다.

애플이나 마이크로소프트가 가치 창조적인 기업으로 회자되는 것은 실패를 하지 않았기 때문이 아니라 실패에 대해 자유롭게 이야기하고 배우는 시스템을 통해 무수한 실패를 성공의 자양분으로 활용했기 때문이다. 실패를 인정하고 실패에 대해 이야기하는 것은 책임을 물으려는 것이 아니라 실패로부터 배워 진정한 가치를 찾아내고 실현하려는 것이다. 실패했을 경우 포기하거나 중단하는 것이 아니라 무엇 때문에 잘못되었는지를 정확히 파악하고 이를 바로잡아 끊임없이 다시 시도하도록 하는 시스템을 갖추어야만 한다.

### 창조적 시도에 대한 동기 부여

기업이나 제품의 관점이 아니라 고객의 관점에서 끊임없이 가치를 찾고 창조하려면 성과와 관련한 동기 부여뿐 아니라 시도와 미래 준비에 대한 동기 부여가 필요하다. 일반적으로 창조성이 부족한 기업들은 단기 성과가 중요한 평가기준으로 작용하며, 창조적 시도와 무형자산에 대한 투자 등 미래 준비와 창조적 시도를 위한 동기 부여 시스템이 부족하다. 창조적 시도와 미래 준비를 활발히 하였다 해도 외부환경 등의 요인으로 성과가 저조할 경우 창조적 시도나 미래 준비에 대한 평가는 없이 부진한 성과에 대한 책임 추궁만이 강하게 이루어진다는 것이다.

이에 반해 창조성이 넘치는 기업들은 미래 준비와 창조적 시도에 대해 지속적인 관심을 보이며 자극을 가한다. 고객의 관점에서 현재와 미래를 보는 눈과 창의성을 바탕으로 한 변화 추진 능력이 경영진의 임면을 좌우하는 핵심요소가 되며, 재무지표뿐 아니라 비재무지표, 과거 성과지표뿐 아니라 미래 성과지표가 성과 평가 및 보상의 중요한 기준으로 작용한다.

대부분의 기업들이 고객 관점의 가치 창조를 위한 시도나 미래 준비를 독려하고 장려하기 위한 평가 및 보상 시스템을 가지고 있다. 문제는 그러한 시스템에도 불구하고 실제의 평가와 보상은 거의 예외 없이 재무지표, 과거 성과 중심으로 이루어지고 있다는 데에 있다.

## 정부는 비전 제시 및 기반 조성에 힘써야

### 미래 전략 기능 및 조정 기능 강화

정부는 미래 지향적인 비전을 제시하고 이를 실현하기 위해 전략 기획 시스템을 체계화하고 강화해야 한다. 최근 국정기획수석을 신설하여 정치적 관점에서의 단기적으로 최적화된 정책의 수립 및 실행을 지양하고 장기적 전략 방향 제시, 통합적 정책 수립 및 실행, 전략 과제의 효과적 추진 등 통제·관리자가 아닌 비전 제시자로서의 역할을 보다 적극적으로 수행하려는 움직임이 나타나고 있는 것은 이런 점에서 볼 때 매우 바람직한 현상이라 할 수 있다.

특히 과학기술과 관련해서는 국가의 미래 전략과 수요자의 요구를 고려한 3세대형 국가 연구개발 시스템을 구축해야 할 것이다. 이를 위해서는 탐색, 기획, 조정 등의 역할 및 기능을 보강, 집중해야 할 분야를 선정하고 개별 프로젝트 차원이 아니라 포트폴리오 차원에서 접근하는 것이 필요하다. 즉 장기적인 관점에서의 문제를 파악하고 이를 바탕으로 전략적인 이슈와 과제를 설정해야 한다는 것이다. 그리고 정부는 기초·원천 부분, 민간은 응용·상업화 부분, 정부는 장기적이고 위험성이 높으며 경쟁 전의 일반적(Generic) 성격이 큰 과제, 민간은 경쟁 단계의 과제 등으로 역할 분담이 되도록 해야 한다.

정부가 국가과학기술위원회를 두어 국가 연구개발 투자 전략에 따라 예산 배분 방향을 수립하고 이에 맞추어 각 부처와 기획재정부가 연구개발 예산을 편성하도록 한 것은 긍정적인 시도로 평가할 수 있다. 이와 함께 각 부처별 연구개발을 통합적으로 관리하고 지원할 수 있도록 통합 법률을 제정한 것 역시 3세대형 국가 연구개발 시스템 구축을 위한 노력으로 이해된다.

국가과학기술위원회의 역할이 단지 연구개발 예산의 배분 및 집행뿐 아니라 과학기술 비전 및 전략의 수립, 민간·공공 부문 협력 및 열린 혁신(Open Innovation)을 포함한 국제협력 활동에 이르기까지 포괄적인 측면으로 확대되어야 할 것이다.

### 시스템적 사고의 정착

문제는 정부의 역할을 어떻게 하면 원하는 방향으로 움직이도록 하느냐는 것이다. 과거에도 부처별 정책을 조정하고 통합적으로 운용하기 위해 부총리 제도를 두었고, 과학기술 분야에서도 연구개발 사업을 통합적으로 관리하기 위한 조직을 두었지만 취지에 맞게 운용되지 않아 실질적인 기획·조정의 역할을 하지 못했다. 이유는 시스템적 사고가 부족했기 때문이다.

모든 부처가 수요 지향적, 성과 지향적이라는 이름 아래 개별 최적화 행동을 하는 한 가시적 성과가 예상되거나 사회적 관심이 큰 문제에 자원이 집중되고 그렇지 않은 문제에 자원이 제대로 투입되지 못하는 한계를 극복하기 어렵다. 조직의 통합이나 분할 등의 방법이 근본적인 해결책이 되지 않는다는 것이다.

비행기는 7만 개 이상의 부품으로 이루어진 하나의 시스템이다. 7만 개의 부품이 서로 잘 연결되어 함께 작동하지 않으면 비행기는 멋지게 하늘로 날아오를 수 없다. 정부도 비행기와 마찬가지로 다양한 조직과 기능이 결합된 하나의 시스템이다. 이 가운데 어느 한 부분만을 떼어놓는다면 할 수 있는 것이 별로 없다. 모든 조직과 기능이 하나로 연결되어 함께 고민하고 혁신하지 않으면 안 된다.

하지만 강 건너 불구경하기, 아이디어 낸 사람이 책임지기, 자기 부처의 시각과 입장에서 딴죽 걸기 등이 횡행하고 있는 것이 우리의 현실이다. 정부 부처와 구성원들의 사고 및 행동이 개별 부처 중심에서 시스템적으로 변화하지 않으면 통합·조정 기구의 설치나 외형적인 조직 개편만으로는 원하는 혁신을 이끌어낼 수 없다.

**창조산업 육성을 위한 지적 재산권 확립**

고객가치 중심의 창조·육성형 성장 패턴에서는 창조산업(creative industry)의 육성이 중요한 과제이다. 소비자들의 요구가 고도화되면서 점차 단순히 특정 기술이나 제품 자체에서 원하는 가치를 얻으려 하기보다 이를 매개로 한 생활밀착형 서비스, 콘텐츠 등을 통해 가치를 얻으려는 성향이 강해지기 때문이다. 소비자는 DMB 수신기가 아니라 보고 듣고 즐길 수 있는 프로그램을 원하며, 로봇이나 미래형 자동차 자체를 원하는 것이 아니라, 이를 통해 제공되는 각종 서비스와 콘텐트(content)를 원하는 것이다.

창조산업이란 기존의 고정관념에 얽매이지 않고 정보기술 등 첨단 기술, 지식, 예술, 사업 지식 등을 융합해 개발하고 참신한 아이디어로 새로운 가치를 창출하는 비즈니스를 총칭하는 개념이라고 할 수 있다. 창조산업을 육성하기 위한 전제조건은 비즈니스 모델의 핵심이 되는 문화·콘텐트 생산을 활성화하는 것이다. 콘텐트가 활성화되려면 지적 재산권 보호 제도를 정비하여 다양하고 창의적인 데이터, 오디오, 비디오 콘텐트가 만들어질 수 있는 여건을 조성하는 것이 중요하다.

저작권에 대한 보호를 강화하는 등 디지털시대에 맞게 지적 재산권 보호 제도를 정비해야 하지만, 활용도를 제고하는 것도 필요하다. 실제로 가치를 높여주는 것은 전혀 새로운 것을 만들어내는 혁신적 창조라기보다 기존의 것을 결합하는 가운데서 나오는 재조합적 창조이기 때문에 이미 존재하는 지적 재산권의 활용도를 높이는 것은 창

**디지털시대에 맞는 지적 재산권 확립**

| 지적 재산권 보호 제도 정비 |
|---|
| **저작권에 대한 보호 강화**<br>• 미디어 콘텐츠의 불법적인 복제, 파일 공유, 다운로드 등에 따른 창조산업의 비즈니스 모델 붕괴 방지<br>**지적 재산권 보호 강화와 활용도 제고 동시 고려**<br>• 지적 재산권 제도 개선 및 엄격 실행 + 소비자에 대한 교육 및 기업에 대한 계도<br>• 콘텐츠 활용에서의 유연성, 포맷 변환의 용이성, 저작권 침해에 대한 예외 인정 등에 대한 고려 |

↓

| 콘텐츠의 다양성 확보 + 창조산업 촉진 |
|---|

조산업을 활성화하기 위한 필수적 과제라 해도 과언이 아니다.

### 융합형 혁신을 위한 인에이블러 산업 강화

융합형 혁신이 획기적인 소비자 효용 증대, 고부가가치 영역 창출, 경쟁 룰 변화 등을 통해 고객가치 창조의 주요 수단으로 자리잡고 있다는 것은 이미 널리 알려진 사실이다. 융합형 혁신을 하는 데 있어 핵심적인 인프라는 IT와 금융이라고 할 수 있다.

IT의 경우 그 자체를 성장 대상으로 인식하는 단계에서 벗어나 융합형 혁신을 활성화하는 인에이블러(enabler)로서의 역할을 강화하

**인에이블러 산업 육성**

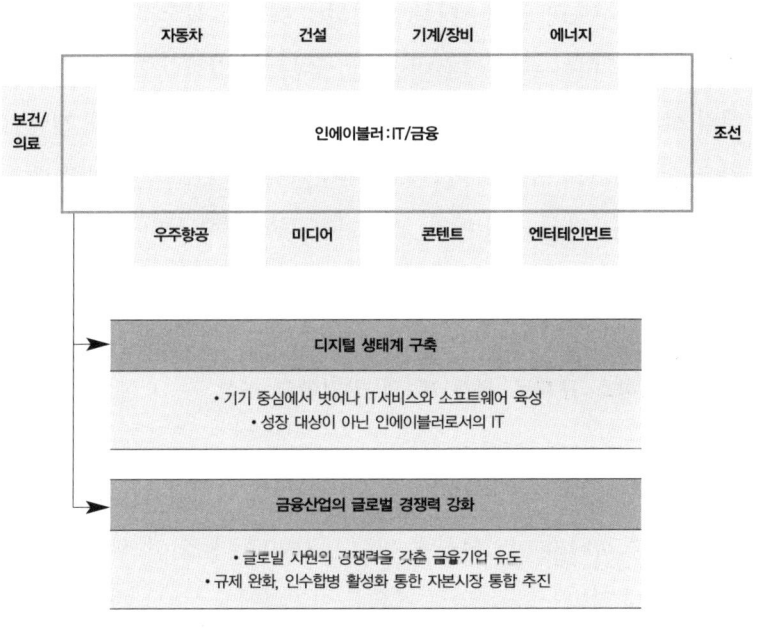

는 방향으로 육성해야 한다. 즉 기기 중심에서 벗어나 IT서비스와 소프트웨어를 집중 육성하여 디지털 생태계(ecosystem)를 구축해야 한다. 금융의 경우는 글로벌 차원의 경쟁력을 갖춘 금융기업을 유도해 다양한 형태의 금융 지원이 가능하도록 해야 할 필요가 있다. 창조적 아이디어를 실제 가치로 전환하는 데 있어 금융의 역할은 아무리 강조해도 지나치지 않기 때문이다. 금융의 경쟁력 강화를 위해 규제 완화, 인수합병 활성화, 자본시장 통합 등을 추진해야 할 것이다.

융합형 혁신의 또 다른 중요한 인프라는 바로 클러스터(cluster)이다. 대기업 주도의 클러스터를 확대하는 동시에 혁신적 중소기업이 중심이 되는 혁신 클러스터 내 지원 서비스를 강화함으로써 클러스터의 시장 창출 능력을 제고해야 한다. 출연연구소 등에 의해 개발된 기술이 기업으로 원활히 이전되어 상업화될 수 있도록 하려면 벤처캐피탈, 법률, 기술 가치 평가, 기술이전 등에 대한 서비스를 크게 활성화하지 않으면 안 된다.

### 제로 베이스 규제로 세계 제1의 창업환경 조성

창조·육성형 성장을 위한 시스템이 제대로 마련되어 있는지를 보는 방법 중 하나가 창업환경에 대한 평가이다. 창조·육성형 성장은 고객가치에 기반을 둔 다양한 기술과 아이디어를 사업화하려는 기업가정신이 왕성하게 발휘될 때 가능해지기 때문이다.

현재 우리의 창업환경은 결코 좋다고 할 수 없는 실정이다. 세계은행 산하의 국제금융공사(IFC)에 따르면 우리나라 창업환경은 세계 175개국 중 116위에 불과하다고 한다. 전체적인 기업환경이 175개국 가운데 23위임을 고려할 때 우리나라의 창입환경에 대한 평가는 매우 부정적이라고 하겠다. 창업 관련 규제를 혁신하고 민간 주도의 창업(Business-building) 역량을 확충함으로써 세계 제1의 창업환경을 조성하는 것은 결코 가벼이 보아서는 안 될 과제이다.

역대 정부치고 창업을 활성화하기 위해 규제를 혁신하고 절차를

**창업 관련 규제 혁신 및 절차 간소화**

세계 116위의 창업환경

|  | 창업 절차 | 창업 기간 | 창업 비용 | 창업 자본 |
|---|---|---|---|---|
| 한국 | 12.0단계 | 22.0일 | 15.2% | 299.7% |
| OECD 평균 | 6.2단계 | 16.6일 | 5.3% | 36.1% |

창업 관련 규제 혁신
창업 절차 간소화
창업 비용의 대폭 감소 유도
재량적 결정권 축소

세계 10위권 창업환경

---

간소화하겠다는 의지를 표명하지 않은 경우는 없다. 문제는 정부 부처의 이해관계가 맞물리면서 실질적으로 창업환경이 개선되지 않는다는 데에 있다.

규제 혁신과 관련해서는 창업 과정에 적용되는 여러 규제 중 어느 것을 없앨 것인가 하는 관점의 소극적인 방식이 아니라 무규제 원칙 하에 꼭 필요한 최소한의 규제만을 설정하는 적극적 방식으로의 개혁이 필요하다고 하겠다. 이를 위해서는 정부 부처의 관련 조직이 없어지는 것도 감수하겠다는 각오가 전제되지 않으면 안 된다. 근본적인 규제 개혁은 조직 개편과 함께 해야 한다는 것이다.

이와 함께 비즈니스 엔젤(Business Angel)을 활성화하여 전반적인 창업 역량을 제고하는 것도 중요한 과제이다. 비즈니스 엔젤은 전환채권이나 주식과의 교환을 조건으로 창업에 자본을 제공하는 개별 투자자를 의미한다. 이들이 활발하게 창업 지원 활동을 하도록 하기 위해서는 초기 자금 투자 비즈니스 엔젤에 대해 관련 세금을 대폭 감면하고, 비즈니스 엔젤들이 서로 협력하여 리스크를 줄일 수 있게 이들 사이의 네트워크를 강화하는 것도 중요하다.

# PART 4

## 창조적
## 혁신으로 가는 길

**21세기 새로운 한국 창조**

사실 우리가 매일매일 겪고 있는 일들이 2020년, 2030년 한국의 미래를 만들어가는 것이다. 현재의 방향타와 속도가 우리의 미래를 결정하므로, 우리는 미래를 계속 탐색하면서 그 경로를 만들어가야 한다. 따라서 기본적 실력과 역량을 계속 창출하고 확장하면서, 미래의 불확실한 변화에 신축적으로 대응해나가는 지혜를 발휘해야 한다.

**FUTURE OF KOREA**

맺음말

# 21세기
# 새로운 한국
# 창조

　세계는 변화하고 있다. 고령화 사회의 급격한 진전, 에너지 대위기, 아시아를 위시한 신흥국가의 부상, 금융의 막강한 영향력, 대변혁기술의 등장 등 위기와 긴장의 시대이다. 또 세계 각국은 이에 효과적으로 대응하기 위한 미래 전략의 수립에 매우 분주하다. 그런 가운데 미국, 유럽, 일본이 공통적으로 찾아낸 해답은 이노베이션이다. 세계는 그야말로 이노베이션 레이스에 몰두하면서, 그 속에서 실마리를 풀고자 한다.

　우리나라는 그 동안 세계에서 그 유래가 없을 정도로 경이로운 발전을 이룩해왔다. 하지만 새로운 세계적 흐름들을 슬기롭게 헤쳐나가면서 다시 한 번 도약함으로써, 온 국민이 오랫동안 염원해왔던 선진국을 반드시 실현해야 한다. 또 그 문턱에 가까이 도달해 있어 매우 고무적이다. 그러나 아직은 잘못하면 오히려 후퇴할 수도 있음을 경계해야 한다. 사실 우리가 매일매일 겪고 있는 일들이 2020년, 2030년 한국의 미래를 만들어가는 것이다. 현재의 방향타와 속도가 우리의 미래를 결정하므로, 우리는 미래를 계속 탐색하면서 그 경로를 만들어가야 한다. 따라서 기본적 실력과 역량을 계속 창출하고 확장하면서, 미래의 불확실한 변화에 신축적으로 대응해나가는 지혜를 발휘해야 한다.

그러나 우리의 미래는 새로운 아이디어로 우리가 창조하는 것이다. 누가 만들어주는 것도 아니요, 누가 가르쳐주는 것도 아니다. 결국 우리가 선택하고 결정하며 실현하는 것이다. 또 자동적으로 열리는 미래는 없다. 목표 수준에 상응하는 열정과 땀 등 충분한 비용과 대가를 지불해야만 그 달성이 가능하다. 또한 모든 것을 다할 수는 없고, 모든 것을 다 갖출 수는 없다. 우리의 능력과 여건을 고려하여 제한적 그리고 특징적 자산을 갖춘 선진국을 지향하는 것이 현명하다. 그리고 물질적 풍요, 정신적 가치, 창조성, 효율적 시스템, 거래 비용이 가장 적은 국가 등 다양한 측면과 요소들을 함께 추구해야 한다.

그러면 우리는 어디로 가야 하는가? 그 해답이 바로 '창조적 혁신'이다. 한국에게는 더 그렇다. 이노베이션 경쟁에 몰두해 있는 선진국들과 어깨를 나란히 하기 위해, 과거와는 전혀 다른 새로운 모습의 이노베이션 경쟁력을 확보해야만 미래가 있다. 한국의 국가 발전 방식이 아래 그림에서 보는 바와 같이 기존의 '산맥형'에서 새로운 모습의 '꽃잎형'으로 바뀌면서, 창조적 혁신이 중요한 화두로 등장하였

**21세기 국가 발전 패러다임**

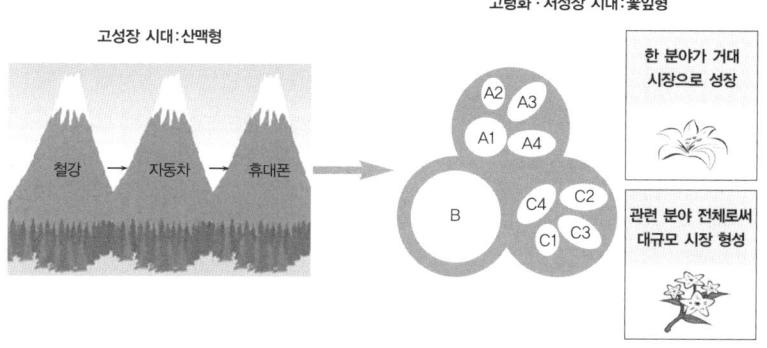

다. 창조적 혁신은 현재까지의 '선진국 따라잡기'에서 벗어나 '21세기 과학기술 강국'으로의 가장 강력한 수단이자 요체인 것이다. 이를 효과적으로 실현하기 위해서는 세계 수준의 창조성을 지속적으로 창출하면서, 이를 고부가가치 자산으로 전환시키는 효과적인 과정을 구축·실행하는 것이 요구된다.

그러면 어떻게 가야 하는가? 이를 위해 앞에서 다루었던 한국이 가지고 있는 기술적 도전 과제들을 살펴보아야 한다. 유비쿼터스 시스템, 지능형 자동차, 크루즈선, 로봇 에이전트, 생명공학, 나노기술, 방재기술, 항공우주기술, 신재생 에너지, 사용후핵연료 재활용 기술 등이 그 예이다. 물론 이들은 한국이 도전해야 할 기술들을 망라한 것이 결코 아니다. 그보다는 오히려 이들 10대 기술적 도전 과제들을 대상으로 무엇이 기회인가, 우리의 역량은 어떠한가, 또 역량의 차이를 줄일 수 있는 방안은 무엇인가 등을 두루 살펴봄으로써, 과연 그 길이 어느 정도로 가시화될 수 있는가를 점검하였다. 그 답은 물론 예스이다.

뿐만 아니라, 기술적 과제들을 효과적으로 실현하기 위하여 어떠한 시스템을 갖추어야 하는지를 파악하는 것도 매우 중요하다. 즉 창조적 문화로 전환하지 않고는 근본적인 변화가 어려우며, 창조적 문화가 부의 원천으로 가시화될 수 있는 시대가 되었다. 또 창의적 인재를 발굴하기 위한 선순환 구조를 구축하고, 창의적 인재들이 스스로 커나가는 것을 촉진하고 지원하는 체제를 구축하는 것이 중요한 시대가 되었다. 그리고 투자의 개념을 전통적인 설비투자와 유형투자에 국한하기보다, 무형의 창조적 자산과 모험적 연구개발 투자로 넓혀야 한다. 나아가 정부 부문과 민간 부문 모두에서 대대적인 사고의 전환과 업무 수행 방식 그리고 제도의 개혁을 통해 선진국 수준의 시스템 경쟁력을 확보해야 한다.

결국 과학기술의 풍부한 아이디어와 상상력을 바탕으로 21세기 새로운 한국 창조의 무한한 가능성에 도전해야 한다. 특히 창조적 혁신을 통해 새로운 세계를 열어나갈 수 있다. 창조적 문화는 새로운 성장동력 및 부의 원천이고, 창의적 인재로 21세기 무한한 미지의 세계를 개척하며, 창조적 연구개발 투자를 통해 새로운 성장 영역과 금맥을 창출하게 되고, 창조적 시스템은 국가경쟁력을 $\alpha$% 더 높이게 된다.

나아가 과학기술 위주의 사고체계에서 벗어나야 한다. 물론 과학기술자들의 창의적 발상이나 지적 호기심 추구는 최대한 보장되어야 할 소중한 덕목이며, 결코 훼손되어서는 안 된다. 특히 그래야만 우리나라의 과학기술이 제대로 발전하는 시대가 도래하였다. 그럼에도 불구하고 사회 속의 과학기술, 사회에 다가서는 과학기술이 종전보다 더욱 강조되어야 한다. 과학기술의 사회적 책임은 최근 모든 선진국들이 매우 중요하게 생각하는 화두이다. 우리나라도 이러한 영역에서 강점을 발휘하는 국가가 되는 것이 바람직하다.

또 일하는 방식도 바뀌어야 한다. 우리나라는 정부 주도에 의해 과학기술이 발전한 대표적 사례로 널리 인식되고 있다. 정부는 그 동안 우리나라 과학기술의 발전에서 매우 중요한 역할을 해왔다. 그러나 시대가 변하였다. 시장친화적 창조형 기술혁신 체제를 시급히 정립해야 한다. 이제 정부 주도의 과학기술 체제는, 민간 주도의 과학기술 체제로 바뀌어야 한다. 또 관료 주도의 정책 결정과 자원 배분 시대는 지났고 반드시 바뀌어야 한다. 민간의 활력을 살리는 정부가 되어야 하며, 민간 전문가들이 정책 결정과 자원 배분에 대폭 참여하는 시대가 되어야 한다. 정부는 할 일과 안 할 일을 명료하게 구분하고, 할 일만을 철저하고 효과적으로 수행하는 새로운 정책의 틀이 시급하다.

우리나라는 1960년대 이후 지난 40여 년간 이룩한 제1의 기적을 통해 세계를 놀라게 했다. 특히 수많은 개발도상국들의 발전 모델이 되었다. 하지만 세계를 놀라게 하는 데 그쳐서는 안 되며 다시 한 번 제2의 기적을 통해 나머지를 완성함으로써, 세계의 존경을 받는 품격 있는 국가가 되어야 한다. 또 제1의 기적을 달성함에 있어 가장 중요한 요소는 '빨리빨리'였다. 그러나 그것만으로 선진국이 될 수는 없다. 이제는 내용이 꽉 찬 채 '뚜벅뚜벅' 잠시도 쉬지 않고 걸어가는 새로운 모습으로 바뀌어야 한다. 제1의 기적은 기성세대의 몫이었다면, 제2의 기적은 뒤이을 사람들의 몫이다. 그들을 지켜보고 밀어주자. 또 과거와 같이 의무감에 사로잡혀 일하지 말고, 그 내용과 과정을 즐기며 일하자. 그리고 극복하자, 다가오는 어려움을. 실현하자, 미래 한국의 꿈을.

집필진 소개

**김수삼**
한양대학교 학사, 중앙대학교 지반공학 박사
전(前) 한양대학교 부총장, 토목학회 회장
현(現) 한양대학교 토목공학과 교수, 공학한림원 부회장, 과학기술단체연합회 부회장, 건설문화원 원장

**곽재원**
서울대학교 학사, 일본 동경대 공학박사
전 중앙일보 동경특파원, 국제경제팀장, 정보과학부장, 산업부장, 전략기획실장
현 중앙일보 경제연구소장·통일연구소장

**김영민**
고려대학교 학사, 미국 밴더빌트 대학교 경제학 박사
현 LG경제연구원 상무/산업기술그룹장

**김재윤**
서울대학교 학사, 미국 카네기멜론 대학교 경영학 석사
전 삼성전자 신규사업기획팀 팀장
현 삼성경제연구소 상무/기술산업실장

**박영준**
서울대학교 학사, 미국 매사추세츠 대학교 전기공학 박사
전 차세대반도체 연구개발산업단장, 서울대학교 반도체공동연구소장, 하이닉스 메모리연구소장
현 서울대학교 전기공학부 교수


**송병준**
고려대학교 학사, 미국 뉴욕주립대학교 경제학 박사
현 산업연구원 주력산업실 선임연구위원


**신미남**
한양대학교 학사, 미국 노스웨스턴 대학교 재료공학 박사
전 맥킨지 경영컨설턴트
현 (주)퓨얼셀파워 대표이사, 국가과학기술위원회 위원


**안현실**
서울대학교 학사, KAIST 경영과학 박사
전 산업기술정책연구소 연구팀장
현 한국경제신문사 논설위원


**최영락**
서울대학교 학사, 덴마크 로스킬드 대학교 행정학 박사
전 공공기술연구회 이사장, 과학기술정책연구원 원장
현 과학기술정책연구원 초빙연구위원, 과학기술단체총연합회 부회장